上海市工程建设规范

道路声屏障结构技术标准

Technical standard for noise barrier of roads

DG/TJ 08—2086—2023
J 11877—2023

主编单位：上海市道路运输事业发展中心
　　　　　上海建设结构安全检测有限公司
批准部门：上海市住房和城乡建设管理委员会
施行日期：2023 年 7 月 1 日

U0323225

同济大学出版社

2023　上海

图书在版编目(CIP)数据

道路声屏障结构技术标准 / 上海市道路运输事业发展中心，上海建设结构安全检测有限公司主编. —上海：同济大学出版社，2023.11

ISBN 978-7-5765-0947-2

Ⅰ. ①道… Ⅱ. ①上… ②上… Ⅲ. ①交通噪声－隔声－障壁－技术标准 Ⅳ. ①TB533-65

中国国家版本馆 CIP 数据核字(2023)第 197260 号

道路声屏障结构技术标准

上海市道路运输事业发展中心
上海建设结构安全检测有限公司　　主编

责任编辑　朱　勇
责任校对　徐春莲
封面设计　徐益平

出版发行　同济大学出版社　　www.tongjipress.com.cn
　　　　　　(地址：上海市四平路 1239 号　邮编：200092　电话：021-65985622)
经　　销　全国各地新华书店
印　　刷　浦江求真印务有限公司
开　　本　889mm×1194mm　1/32
印　　张　3.625
字　　数　97 000
版　　次　2023 年 11 月第 1 版
印　　次　2023 年 11 月第 1 次印刷
书　　号　ISBN 978-7-5765-0947-2
定　　价　40.00 元

上海市住房和城乡建设管理委员会文件

沪建标定〔2023〕58 号

上海市住房和城乡建设管理委员会关于批准 《道路声屏障结构技术标准》为上海市 工程建设规范的通知

各有关单位：

由上海市道路运输事业发展中心和上海建设结构安全检测有限公司主编的《道路声屏障结构技术标准》，经我委审核，现批准为上海市工程建设规范，统一编号为 DG/TJ 08—2086—2023，自 2023 年 7 月 1 日起实施。原《道路声屏障结构技术规范》DG/TJ 08—2086—2011 同时废止。

本标准由上海市住房和城乡建设管理委员会负责管理，上海市道路运输事业发展中心负责解释。

上海市住房和城乡建设管理委员会

2023 年 1 月 31 日

前　言

根据上海市住房和城乡建设管理委员会《关于印发〈2020年上海市工程建设规范、建筑标准设计编制计划〉的通知》（沪建标定〔2019〕752号）的要求,由上海市道路运输事业发展中心、上海建设结构安全检测有限公司负责修编《道路声屏障结构技术规范》DG/TJ 08—2086—2011。标准编制组经过广泛的调查研究和专题讨论,在反复征求意见的基础上,形成本标准。

本标准的主要内容有:总则;术语和符号;基本规定;材料;设计;施工;性能试验;验收;维护保养和检测。

本标准主要技术变化如下:

1. 为规范本市道路声屏障设施的建设、维护,加强道路声屏障设施的管理,在基本规定章节中增加了道路声屏障设施的设置应与市容景观相协调的要求,并在附录A中阐述了本市快速道路、外环及高速公路的有关声屏障式样的设置要求和式样图例。

2. 在材料章节中,对采用铝合金板材的吸声屏体,规定了材料牌号不应低于3系铝合金。考虑到全封闭声屏障顶部材质应具有易熔型的要求,规定了顶部透明隔声板材料的防火等级应不低于B2级。

3. 在荷载与组合章节中,明确了声屏障结构设计荷载包括声屏障结构自重、风荷载、雪荷载、车致脉动荷载以及其他荷载。明确了对于承载能力极限状态的荷载效应取值,以及正常使用极限状态设计要求。规定了正常使用极限状态下采用荷载的标准组合、频遇组合或准永久组合的设计要求。

4. 在设计章节的一般规定中,增加了全封闭式声屏障钢结构的二级耐火等级和钢构件表面涂覆防火涂料提高耐火性能的要求。在结构构造设计方面,增加了全封闭式声屏障的结构顶部设置通风口或通风装置,顶面应具有雨水坡、集中排水要求,规定了声屏障防腐涂层的最低寿命;增加了在城市高架、跨线桥及人群密集区采用的高分子板材应内置加筋条,在自然保护区段应设置防鸟撞标识的要求。

5. 鉴于预埋件或地脚螺栓的预埋质量对声屏障立柱或钢构架柱实状影响,在第 6.2 节"基础及混凝土结构"中,增加了预埋件安装的质量要求,增加了防撞墙采用马鞍形支座的构造要求。同时在声屏障制作中增加了全封闭声屏障钢结构的制作、安装质量和防火涂装的要求。

6. 增加了"性能试验"一章(见第 7 章);将原规范的附录 B 结构力学性能和防腐层性能试验纳入了本章。

7. 在"维护保养和检测"章节中,对原规范的维护和保养进行了补充完善,增加了巡查和检查要求,包括日常巡查和专项检查的周期、检查内容和要求的规定。

各单位及相关人员在执行本标准过程中,请注意总结经验,积累资料,并将有关意见和建议反馈至上海市交通委员会(地址:上海市世博村路 300 号 1 号楼;邮编:200125;E-mail:shjtbiaozhun@126.com),上海市道路运输事业发展中心(地址:上海市徐家汇路 579 号;邮编:200023;E-mail:dyzx@jtw.shanghai.gov.cn),上海市建筑建材业市场管理总站(地址:上海市小木桥路 683 号;邮编:200032;E-mail:shgcbz@163.com),以供今后修订时参考。

主 编 单 位:上海市道路运输事业发展中心
　　　　　　上海建设结构安全检测有限公司
参 编 单 位:上海市城市建设设计研究院总院(集团)有限公司
　　　　　　上海交通设计所有限公司
　　　　　　上海申华声学装备有限公司
　　　　　　西藏中驰集团股份有限公司
　　　　　　上海华岱环保工程有限公司

浙江华帅特新材料科技有限公司
上海品诚控股集团有限公司
上海高架养护管理有限公司
上海成基市政建设发展有限公司

主要起草人：张列学　王琳海　刘学科　陈兆林　吕　璇
　　　　　　张亚伟　何金龙　翰　泽　朱大勇　孙启程
　　　　　　顾林华　孙海鹏　杜　梅　闫兴非　邱贤锋
　　　　　　顾　宏　宋梦蕾　梁志军　陈增军　殷胜炯
　　　　　　孙松洋　金丹华　杨震宇　陈　航　陈慧颖
　　　　　　掌庆航　贾　勤　金昌哲　陈留君　于　洋
主要审查人：朱惠君　商国平　刘艳滨　丁建康　卢佳祺
　　　　　　杨红录　徐亚玲

上海市建筑建材业市场管理总站

目　次

Contents

1 总 则

1.0.1 为规范道路声屏障的设计、施工、性能试验、验收、维护保养和安全检测,保障声屏障设施的安全可靠和降噪耐久,制定本标准。

1.0.2 本标准适用于本市道路声屏障的设计、施工、性能试验、验收、维护保养和安全检测。

1.0.3 本市道路声屏障的设计、施工、性能试验、验收、维护保养和安全检测等,除应符合本标准外,尚应符合国家、行业和本市现行有关标准的规定。

2 术语和符号

2.1 术 语

2.1.1 声屏障 noise barrier

一种专门设计的立于噪声源和受声点之间的声学障板,是以吸声或隔声、或吸声和隔声混合的材料组成的声学装置。

2.1.2 吸声屏 sound-absorbing barrier component

由吸声材料组成的、具有吸声效果的声屏障屏体。

2.1.3 隔声屏 noise barrier component

由隔声材料组成的、具有隔声效果的声屏障屏体。

2.1.4 透明隔声屏 transparent noise barrier component

由隔声材料组成的、具有隔声效果的明亮并能透过光线的声屏障屏体。

2.1.5 热浸镀锌+粉末喷涂或油漆涂装 hot dip galvanizing + powder spraying or paint coating

将经过前处理的钢构件先进行热浸镀锌的防腐处理,然后再对构件表面进行喷涂粉末或喷涂油漆的非金属涂装,在其表面形成防腐锌层或涂层的工艺和方法。

2.1.6 车致风压荷载 wind load induced by vehicle

当车辆高速经过声屏障近旁时,因脉动风压导致声屏障结构表面压力发生变化而产生的交变风压荷载。

2.1.7 抗风压性能 wind load resistance performance

在车致风压与自然风压共同的作用下,声屏障构件不丧失功能且变形不超过允许值的能力。

2.1.8 抗冲击性能 impact resistance

声屏障结构受外界冲击作用下不发生结构整体破坏的能力。

2.1.9 雨水导流板 rainwater deflector

用于将屏体表面雨水导入到桥面或路面的装置。

2.2 符 号

C ——结构或结构构件达到正常适用要求的规定限值；

C_{pl} ——车致风压系数；

f ——钢材强度设计值；

f_c ——混凝土强度设计值；

k_1 ——车辆形状系数；

P_{1k} ——车致风压荷载效应标准值；

R ——结构构件的承载力设计值；

s_0 ——基本雪压；

S_d ——荷载效应组合设计值；

s_k ——雪荷载标准值；

V_t ——车辆速度；

w_0 ——基本风压；

w_k ——作用在声屏障结构上的风压；

Y ——车辆中心线至声屏障距离；

β_{gz} ——高度 z 处的阵风系数；

γ_0 ——结构重要性系数；

μ_r ——屋面积雪分布系数；

μ_{sl} ——风荷载局部体型系数；

μ_z ——风压高度变化系数；

ρ ——空气密度。

3 基本规定

3.0.1 道路声屏障的结构应安全可靠、绿色环保,方便安装、维护和保养。

3.0.2 道路声屏障设施的吸、隔声效果,应满足该区域的环评、声学设计要求。

3.0.3 道路声屏障的设置应与周围环境景观相协调,道路声屏障的设置要求、表观颜色以及外观式样应按本标准附录 A 的规定执行。

3.0.4 道路声屏障的设置应与现有道路设施有机衔接,不应对道路及其附属设施的结构和功能产生不利影响。

3.0.5 道路声屏障位于其他设施附近时,应满足相应安全距离要求,并采取必要的防护措施。

3.0.6 道路声屏障屏体及构件的表面防腐处理应满足防雨、防潮、防霉、防眩的要求,并应满足所在区域自然条件下的耐久性要求。同时,全封闭式声屏障的钢构架应满足防火要求。

3.0.7 道路声屏障设施应进行日常维护和定期保养,并应定期进行安全检测。

4 材 料

4.0.1 声屏障基础及钢筋混凝土结构所采用的材料应符合下列规定:

1 基础及钢筋混凝土结构采用的普通钢筋,其化学成分和力学性能应符合现行国家标准《通用硅酸盐水泥》GB 175、《钢筋混凝土用钢 第 1 部分:热轧光圆钢筋》GB 1499.1、《钢筋混凝土用钢 第 2 部分:热轧带肋钢筋》GB 1499.2 及现行行业标准《普通混凝土用砂、石质量及检验方法标准》JGJ 52 的有关规定。

2 基础、基础垫层及钢筋混凝土结构的混凝土强度等级不应低于 C25,钢筋混凝土立柱及混凝土支撑结构的强度等级不应低于 C30。

3 预埋件钢板材料应采用 Q235 或 Q355 等结构用钢材。

4.0.2 声屏障钢立柱或钢构架所采用的材料应符合下列规定:

1 采用热轧或高频焊接 H 型钢的,其化学成分和力学性能应符合现行国家标准《热轧 H 型钢和剖分 T 型钢》GB/T 11263、《焊接 H 型钢》GB/T 33814 和现行行业标准《结构用高频焊接薄壁 H 型钢》JG/T 137 的有关规定。

2 采用 Q235B 或 Q355B 等结构用钢材组装焊接的,其化学成分和力学性能应符合现行国家标准《碳素结构钢》GB/T 700、《低合金高强度结构钢》GB/T 1591 的有关规定。

4.0.3 声屏障屏体所采用的材料应符合下列规定:

1 混凝土、微孔岩屏体

    1)当采用混凝土作为声屏障屏体材料时,其混凝土强度等级不应小于 C30。

    2)微孔岩材料抗折强度不应低于 4.5 MPa。

2 金属吸声屏体

1）采用的冷轧镀锌钢板的吸声屏体,钢材牌号不应低于 Q235。其材料的力学性能应符合现行国家标准《连续热镀锌和锌合金镀层钢板及钢带》GB/T 2518 的有关规定。面板、背板、龙骨的厚度应符合以下规定:

（1）立柱间距为 2 m 的,其面板、背板厚度不低于 1.0 mm,龙骨厚度不低于 1.2 mm;

（2）立柱间距为 2.5 m 的,其面板、背板和龙骨厚度均不低于 1.2 mm。

2）采用铝合金板材的吸声屏体,材料牌号不应低于 3 系铝合金。其材料的力学性能应符合现行国家标准《一般工业用铝及铝合金板、带材》GB/T 3880.1～3 的有关规定。铝合金非比例伸长强度不应低于 145 MPa。面板、背板、龙骨的厚度应符合以下规定:

（1）立柱间距为 2 m 的,其面板、背板和龙骨厚度不低于 1.2 mm;

（2）立柱间距为 2.5 m 的,其面板、背板和龙骨厚度均不低于 1.5 mm。

3 透明隔声屏体

1）采用铝合金、塑钢型材作为透明隔声屏框架的,其性能应符合现行国家标准《一般工业用铝及铝合金挤压型材》GB/T 6892,《门、窗用未增塑聚氯乙烯（PVC-U）型材》GB/T 8814 的有关规定。其型材的截面厚度应符合以下规定:

（1）铝合金型材截面的最小壁厚不应小于 1.8 mm;

（2）塑钢型材截面的最小壁厚不应小于 2.5 mm;

（3）铝合金、塑钢型材内的增强型钢的最小壁厚不应小于 1.5 mm。

2）透明隔声屏采用的浇铸型聚甲基丙烯酸甲酯（PMMA）、

聚碳酸酯(PC)高分子板材,其拉伸强度、冲击强度等应符合现行国家标准《浇铸型工业有机玻璃板材》GB/T 7134、《浇铸型聚甲基丙烯酸甲酯声屏板》GB/T 29641、《声屏障结构技术标准》GB/T 51335 和现行行业标准《聚碳酸酯(PC)实心板》JG/T 347 等的有关规定。全封闭声屏障顶部透明隔声材料的防火等级应不低于 B2 级,顶部金属板材宜采用铝合金等易熔性材质。

3) 透明隔声屏采用的钢化玻璃或夹层玻璃的性能指标应符合现行国家标准《声屏障结构技术标准》GB/T 51335 的规定,技术要求应符合现行国家标准《建筑用安全玻璃 第 2 部分:钢化玻璃》GB 15763.2、《建筑用安全玻璃 第 3 部分:夹层玻璃》GB 15763.3 的有关规定。

4) 透明隔声屏采用的窗框(或窗扇)主型材及其增强型钢的力学性能应符合现行国家标准《铝合金门窗》GB/T 8478 和现行行业标准《塑料门窗工程技术规程》JGJ 103 等的有关规定。

4 上、下罩板及雨水导流板所采用的冷轧镀锌钢板、铝合金板的厚度及力学性能应符合本条第 2 款的相关规定。

4.0.4 声屏障所采用的连接材料应符合下列规定:

1 焊接材料

1) 手工焊接用的焊条,其熔敷金属力学性能应符合现行国家标准《非合金钢及细晶粒钢焊条》GB/T 5117 或《热强钢焊条》GB/T 5118 的规定。选择的焊条应与主体金属的力学性能相适应。

2) 自动焊接或半自动焊接所采用的焊丝和焊剂,其焊丝的熔敷金属力学性能和焊剂的硫、磷含量应符合现行国家标准《埋弧焊用非合金钢及细晶粒钢实心焊丝、药芯焊丝和焊丝-焊剂组合分类要求》GB/T 5293 的规定。

3) CO_2 气体保护焊用的焊丝,其熔敷金属力学性能应符合现行国家标准《熔化极气体保护电弧焊用 非合金钢及细晶粒钢实心焊丝》GB/T 8110 及《非合金钢及细晶粒钢药芯焊丝》GB/T 10045 的规定。

2 声屏障使用的紧固件应有防腐措施,宜采用不锈钢材质,防腐年限应不低于 15 年。紧固件力学性能应符合现行国家标准《紧固件机械性能》GB/T 3098.1~20 的有关规定。

3 化学锚栓的机械性能、化学锚栓锚固胶的性能应符合现行行业标准《混凝土结构后锚固技术规程》JGJ 145 的有关规定。

4.0.5 声屏障所采用的其他材料应符合下列规定:

1 弹簧卡件材质应符合现行国家标准《弹簧钢》GB/T 1222 中 65Mn 钢的有关规定,其厚度不应小于 1.5 mm。

2 采用钢型材作为屏体压紧固定的,其钢型材的力学性能应符合本标准第 4.0.2 条的规定。

3 防坠索应采用不锈钢圆股钢丝绳,其材质应符合现行国家标准《钢丝绳通用技术条件》GB/T 20118 的有关规定。

4 透明隔声屏所采用铰链、撑杆、执手、插销等门窗五金件,还应符合现行国家标准《建筑门窗五金件 通用要求》GB/T 32223 及现行行业标准《建筑门窗五金件 传动机构用执手》JG/T 124、《建筑门窗五金件 合页(铰链)》JG/T 125、《建筑门窗五金件 撑挡》JG/T 128、《建筑门窗五金件 插销》JG/T 214 等有关规定。

5 声屏障所采用的三元乙丙橡胶或氯丁橡胶密封胶条的性能应符合现行国家标准《声屏障结构技术标准》GB/T 51335 的有关规定。

6 透明隔声屏采用的密封胶的性能应符合现行国家标准《建筑门窗、幕墙用密封胶条》GB/T 24498 的有关规定,密封胶条宜使用硫化橡胶类材料或热塑性弹性体类材料。玻璃与窗框之间的密封胶应符合现行国家标准《建筑用硅酮结构密封胶》GB 16776 的有关规定。与密封胶接触的密封胶条应与密封胶相容。

5 设 计

5.1 一般规定

5.1.1 道路声屏障结构表面不应存在影响行车安全的眩光。

5.1.2 声屏障结构的强度和刚度应满足安全性能的要求,并应具有防腐、防振和抵抗风、雨、雪、雹等各种自然灾害的能力。

5.1.3 直立式声屏障屏体高度不宜超过 5 m。高度大于 4 m 的声屏障,其起始端或终止端宜采取逐渐增高或降低的渐变段设计。

5.1.4 在桥梁上附加声屏障设施,应对桥梁结构的安全可靠性进行验算。

5.1.5 立柱安装间距大于设计标准跨度时,其锚固螺栓、立柱及屏体的强度、刚度及其结构应作专项计算与设计。

5.1.6 声屏障结构的抗腐蚀能力应符合交通工程中钢构件防腐技术条件的规定。

5.1.7 全封闭式声屏障钢结构的耐火等级应满足现行国家标准《建筑设计防火规范》GB 50016 中二级耐火等级的要求,其钢结构的柱、梁、檩条等钢构件表面应涂覆室外用钢结构防火涂料,防火涂料的耐火性能应不低于现行国家标准《钢结构防火涂料》GB 14907 中的 $F_p1.00$ 级。

5.1.8 声屏障屏体的设计工作年限应不低于 15 年,立柱的设计工作年限应不低于 30 年,钢筋混凝土结构的设计工作年限应不低于 50 年。

5.1.9 道路桥梁分段处、伸缩缝、沉降缝位置的声屏障应设置沉降缝或伸缩缝。

5.1.10 道路声屏障的声学设计应按本标准附录 B 执行。

5.2 荷载与组合

5.2.1 声屏障结构设计荷载包括声屏障结构自重、风荷载、雪荷载、车致脉动荷载以及其他荷载。

5.2.2 声屏障的设计荷载应根据使用过程中可能同时作用的荷载进行组合,并应按最不利条件进行设计,荷载组合应符合现行国家标准《声屏障结构技术标准》GB/T 51335 的有关规定。

5.2.3 对于承载能力极限状态,应按荷载效应基本组合或偶然组合进行荷载效应取值。荷载效应的取值应符合下列规定:

 1 荷载基本组合的效应设计值 S_d,应符合现行国家标准《声屏障结构技术标准》GB/T 51335 的规定,取可变荷载控制组合和永久荷载控制组合中的最不利效应值。

 2 荷载偶然组合的效应设计值 S_d,应符合现行国家标准《声屏障结构技术标准》GB/T 51335 的规定,按用于承载能力极限状态计算的效应设计值和用于偶然事件发生后受损结构整体稳定性验算的效应设计值进行计算。

5.2.4 对于正常使用极限状态,应根据不同的设计要求,符合现行国家标准《声屏障结构技术标准》GB/T 51335 的规定,按标准组合、频遇组合或准永久组合的荷载效应组合设计值 S_d 进行计算。

5.2.5 结构自重(包括结构附加重力)可按结构构件的设计尺寸与材料的重力密度计算确定。声屏障结构常用材料的重力密度可符合表 5.2.5 的要求。

表 5.2.5　声屏障常用材料的重力密度

材料种类	重力密度 (kN/m³)	材料种类	重力密度 (kN/m³)
钢、铸钢	78.5	钢筋混凝土或预应力混凝土	25.0~26.0

续表5.2.5

材料种类	重力密度 (kN/m^3)	材料种类	重力密度 (kN/m^3)
铸铁	72.5	混凝土或片石混凝土	24.0
铝合金	26.7~27.7	浆砌块石或石料	24.0~25.0
木材	0.2~0.8	浆砌片石	23.0
聚碳酸酯（PC）树脂耐力板	12.0	玻璃	25.0
聚甲基丙烯酸甲酯（PMMA）板	12.0	—	—

5.2.6 作用在声屏障上的水平侧向风荷载宜按下式计算：

$$w_k = \beta_{gz} \mu_{sl} \mu_z w_0 \qquad (5.2.6)$$

式中：w_k——作用在声屏障结构上的风压（kN/m^2）；

β_{gz}——高度 z 处的阵风系数，按表 5.2.6-1 取值；

μ_{sl}——风荷载局部体型系数，根据现行国家标准《建筑结构荷载规范》GB 50009 取值，桥梁声屏障取 1.65，路基声屏障取 2.0；

μ_z——风压高度变化系数，按表 5.2.6-2 取值；

w_0——基本风压（kN/m^2），按现行国家标准《建筑结构荷载规范》GB 50009 重现期为 50 年的值采用。

表 5.2.6-1 阵风系数 β_{gz}

离地面高度 （m）	地面粗糙度类别			
	A	B	C	D
5	1.65	1.70	2.05	2.40
10	1.60	1.70	2.05	2.40
15	1.57	1.66	2.05	2.40
20	1.55	1.63	1.99	2.40

离地面高度 (m)	地面粗糙度类别			
	A	B	C	D
30	1.53	1.59	1.90	2.40
40	1.51	1.57	1.85	2.29
50	1.49	1.55	1.81	2.20
60	1.48	1.54	1.78	2.14
70	1.48	1.52	1.75	2.09
80	1.47	1.51	1.73	2.04
90	1.46	1.50	1.71	2.01

注:地面粗糙度可分为 A、B、C 及 D 四类;A 类指近海面和海岛、海岸、湖岸及沙漠地区;B 类指田野、乡村、丛林、丘陵以及房屋比较稀疏的乡镇;C 类指有密集建筑群的城市市区;D 类指有密集建筑群且房屋较高的城市。

表 5.2.6-2 风压高度变化系数 μ_z

离地面或海 平面高度(m)	地面粗糙度类别			
	A	B	C	D
5	1.09	1.00	0.65	0.51
10	1.28	1.00	0.65	0.51
15	1.42	1.13	0.65	0.51
20	1.52	1.23	0.74	0.51
30	1.67	1.39	0.88	0.51
40	1.79	1.52	1.00	0.60
50	1.89	1.62	1.10	0.69
60	1.97	1.71	1.20	0.77
70	2.05	1.79	1.28	0.84
80	2.12	1.87	1.36	0.91
90	2.18	1.93	1.43	0.98

注:当高度大于 90 m 时,建议按现行国家标准《建筑结构荷载规范》GB 50009 取值。

5.2.7 风荷载的组合值系数、频遇值系数和准永久值系数可分

别取为 0.6、0.4 和 0。

5.2.8 当声屏障结构有积雪存在的可能性时,应按下列规定考虑雪荷载的效应:

1 声屏障水平投影面上雪荷载标准值应按下式计算:

$$s_k = \mu_r s_0 \qquad (5.2.8)$$

式中:s_k——雪荷载标准值(kN/m^2);

μ_r——屋面积雪分布系数;

s_0——基本雪压(kN/m^2)。

2 基本雪压重现期为 50 年,本市的基本雪压值应按现行国家标准《建筑结构荷载规范》GB 50009 中的屋面积雪分布系数执行。

3 雪荷载的组合值系数可取 0.7;频遇值系数可取 0.6;准永久值系数应按雪荷载分区 Ⅰ、Ⅱ 和 Ⅲ 的不同,分别取 0.5、0.2 和 0;雪荷载分区应按现行国家标准《建筑结构荷载规范》GB 50009 执行。

4 声屏障顶面积雪分布系数应根据不同类别的形式,按现行国家标准《建筑结构荷载规范》GB 50009 执行;声屏障顶面板和支撑构架等的积雪分布情况应按现行国家标准《声屏障结构技术标准》GB 51335 执行。

5.2.9 作用在声屏障上的车致风压荷载效应标准值宜通过现场实测或计算流体动力学方法确定,可按下列公式计算:

$$P_{1k} = \frac{1}{2} \rho V_t^2 k_1 C_{pl} \qquad (5.2.9-1)$$

$$C_{pl} = \frac{2.5}{(Y+0.25)^2} + 0.02 \qquad (5.2.9-2)$$

式中:P_{1k}——车致风压荷载效应标准值(kN/m^2);

k_1——车辆形状系数,货车为 1.00,客车为 0.85,流线型车头 ICE 系列等为 0.60;

ρ——空气密度,取 1.25 kg/m^3;

V_t ——车辆速度(m/s);

C_{pl} ——车致风压系数;

Y ——车辆中心线至声屏障距离(m)。

5.3 结构设计

5.3.1 声屏障的结构应按承载能力极限状态和正常使用极限状态进行设计。

5.3.2 结构构件承载力设计应采用下列极限状态设计表达式:

$$\gamma_0 S_d \leqslant R \qquad (5.3.2)$$

式中:γ_0 ——结构重要性系数,γ_0 不小于 1.0;

S_d ——荷载效应组合设计值;

R ——结构构件的抗力设计值(混凝土的强度设计值、钢材的强度设计值应按表 5.3.2-1 和表 5.3.2-2 确定)。

表 5.3.2-1 混凝土的强度设计值(N/mm²)

强度种类	混凝土强度等级									
	C15	C20	C25	C30	C35	C40	C45	C50	C55	C60
轴心抗压 f_c	7.2	9.6	11.9	14.3	16.7	19.1	21.2	23.1	25.3	27.5
轴心抗拉 f_t	0.91	1.10	1.27	1.43	1.57	1.71	1.80	1.89	1.96	2.04

注:计算现浇钢管混凝土轴心受压和偏心受压构件时,如截面长边或直径小于 300 mm,则表中混凝土强度设计值应乘以系数 0.8。

表 5.3.2-2 钢材的强度设计值

牌号	钢材厚度或直径 (mm)	抗拉、抗压、抗弯 $f(\text{N/mm}^2)$	抗剪 $f_V(\text{N/mm}^2)$	端面承压 $f_{ce}(\text{N/mm}^2)$
Q235	≤16	215	125	
	>16, ≤40	205	120	320
	>40, ≤100	200	115	

牌号	钢材厚度或直径 （mm）	抗拉、抗压、抗弯 f（N/mm^2）	抗剪 f_V（N/mm^2）	端面承压 f_{ce}（N/mm^2）
Q355	≤16	305	175	400
	>16，≤40	295	170	
	>40，≤63	290	165	
	>63，≤80	280	160	
	>80，≤100	270	155	

5.3.3 对于正常使用极限状态,应根据不同的设计要求,采用荷载的标准组合、频遇组合或准永久组合,并应按下列设计表达式进行设计:

$$S_d \leqslant C \qquad\qquad (5.3.3)$$

式中:C 为结构或结构构件达到正常适用要求的规定限值,如变形、裂缝、应力等的限值。

5.3.4 声屏障基础的设计应符合现行上海市工程建设规范《地基基础设计标准》DGJ 08—11 的有关规定。声屏障基础应与道路或桥梁结构相协调。

5.3.5 钢筋混凝土结构的设计应进行承载力(包括失稳)计算,必要时还应进行结构的抗倾覆、抗滑移及变形验算,并应符合现行国家标准《混凝土结构设计规范》GB 50010 的有关规定。

5.3.6 透明隔声屏的窗框、窗扇的型材规格应根据抗风压强度、挠度的计算结果选用。透明隔声屏的单片玻璃厚度应不小于 4 mm,夹层玻璃的最大许用面积应符合表 5.3.6 的规定。

表 5.3.6　四边支承夹层玻璃最大许用面积(m^2)

风荷载标准值 （kPa）	夹层玻璃总厚度					
	胶片厚度 0.38 mm			胶片厚度 0.76 mm		
	8.38 mm	10.38 mm	12.38 mm	8.76 mm	10.76 mm	12.76 mm
1.25	4.35	5.92	7.68	4.63	6.24	8.03

风荷载标准值 (kPa)	夹层玻璃总厚度					
	胶片厚度 0.38 mm			胶片厚度 0.76 mm		
	8.38 mm	10.38 mm	12.38 mm	8.76 mm	10.76 mm	12.76 mm
1.50	3.62	4.93	6.40	3.85	5.20	6.69
1.75	3.10	4.22	5.48	3.31	4.45	5.74
0.00	0.70	3.70	4.80	2.87	3.90	5.02

5.3.7 当透明隔声屏的窗框和窗扇采用塑钢材料时,塑钢窗框焊接角的最小破坏力的设计值不应小于 2 000 N,塑钢窗扇焊接角的最小破坏力的设计值不应小于 2 500 N。

5.3.8 透明隔声屏的铰链、撑杆、执手、插销等门窗五金件承载能力应与窗扇重量和抗风压要求相匹配。

5.3.9 在风荷载的设计标准值作用下,结构抗风压性能应满足下列规定:

    1 立柱的顶点水平位移值不应大于 $H/200$(H 为声屏障构件最大高度,下同);残余变形不应超过 $H/500$。

    2 金属屏体的跨中位移值不应大于 $L/250$(L 为屏体长度)。

    3 透明隔声屏窗框(或窗扇)的跨中位移值不应大于$L/250$,且不大于 10 mm(L 为窗框、窗扇受力杆件长度)。

5.4 构造设计

5.4.1 道路沿线声屏障的长度大于 1 000 m 时,路侧应设置疏散或检修用出口或安全门。疏散出口或安全门的间距不应大于 300 m。疏散出口应为可启闭的隔声门扇。

5.4.2 全封闭式声屏障的顶面设计应考虑雨水坡、集中汇水、排水措施,以及声屏障顶部的清洗保洁的安全措施。全封闭式声屏障长度大于 300 m 时,声屏障顶部应设置通风口或通风装置。

5.4.3 混凝土导墙或防撞墙伸缩缝处的声屏障应满足结构的伸缩量要求。

5.4.4 安装在道路(高架、立交桥)防撞墙上的声屏障,其构造不得侵入车辆通行限界。变化段与匝道段(斜坡)的声屏障的屏体,应作专项设计。应避免立柱安装在有电箱位置的防撞墙;若无法避免,防撞墙应有足够厚度。

5.4.5 桥梁声屏障的屏体应具有防坠落设计,并应符合下列规定:

　　1 声屏障屏体与支撑构件的连接宜采用防坠索或其他防坠落构造设计。

　　2 当采用防坠索构造时,其直径应采用不小于 4 mm 的不锈钢钢丝绳。防坠索的受力点应与主受力构件固定,防坠索的绳端应采用有效的方法进行固定,其绳端的拉力荷载不应小于该钢丝绳的破断拉力值。当采用凹凸型屏柱防坠落构造连接时,其立柱翼板卷边宽度应不小于 30 mm。

　　3 不具备防撞击防坠落功能的高分子板材,其防坠索宜与边框固定。

5.4.6 应对有大型货车通过的桥梁弯道段声屏障的安装形式作专项设计。路灯杆和接电箱处的声屏障应保证平滑连接;如不能实现,则应特殊设计。

5.4.7 主线和上匝道交汇处的声屏障宜采用透明屏体。

5.4.8 在防撞墙顶部安装声屏障立柱的,其化学锚栓的锚孔间距、距防撞墙结构的边距应符合现行行业标准《混凝土结构后锚固技术规程》JGJ 145 的有关规定。当防撞墙上沿宽度不足 220 mm 时,声屏障立柱底座应作特殊构造设计,以满足结构抗风要求。

5.4.9 屏体结构构造应符合下列规定:

　　1 安装在立柱型腔内的金属屏体,应具有缓解振动、适应环境温度变化所引起缩胀的结构构造。

    2 聚酯纤维板、泡沫铝、铝纤维等纤维类吸声材料不应直接作为屏体的面板和背板;当采用离心玻璃纤维作吸声材料时,离心玻璃纤维应以憎水布或透气膜包裹。

    3 当采用弹簧卡(或橡胶垫)顶紧的构造形式时,其弹簧卡(或橡胶垫)应在屏体四角最大受力点设置,弹簧卡(或橡胶垫)应采用螺栓(或自攻螺钉)直接与屏体框固定。同时应符合以下规定:

        1) 吸声屏弹簧卡应以不锈钢螺栓或螺钉与屏体固定,不应采用抽芯铝铆钉固定。

        2) 透明隔声屏体的弹簧卡应与铝合金(或塑钢)屏框的内衬增强型钢作可靠固定。

        3) 弹簧卡件的宽度不宜小于 25 mm,相邻屏体不应合用同一弹簧卡。

    4 屏体在立柱内应有足够的嵌入长度。当屏体一端与立柱腹板内壁贴合时,另一端在立柱内的嵌入长度应不小于 25 mm。

    5 采用聚甲基丙烯酸甲酯(PMMA)、聚碳酸酯(PC)高分子板材制作的透明隔声屏与框架的固定宜采用嵌入安装法,不应采用螺栓或螺钉刚性固定。

    6 隔声屏窗框(或窗扇)所采用的铰链、撑杆、执手、插销等门窗五金件,应采用不锈钢螺钉与窗框(或窗扇)的内衬增强型钢固定。窗扇锁紧装置(插销)应具有顶紧窗框功能。

    7 吸声屏屏体应设置泄水孔,宜设置雨水导流板。

    8 在城市高架、跨线桥及人群密集区的透明隔声屏应采用内置加筋条的高分子板材,不应采用单层玻璃作隔声材料。透明隔声屏应设置防鸟撞标识。

5.4.10 立柱、屏体等钢结构件应采用热浸镀锌＋粉末喷涂或热浸镀锌＋油漆涂装的方式进行防腐处理。屏体防腐涂层的设计工作年限应不低于 15 年,立柱防腐涂层的设计工作年限应不低于 30 年。

5.4.11 声屏障在避开路灯杆或龙门架道路交通标志的位置,应保证声屏障隔音功能。

6 施 工

6.1 一般规定

6.1.1 声屏障工程施工前应编制施工组织设计或专项方案。

6.1.2 声屏障设施的基础及混凝土结构施工、立柱及屏体制作安装，应符合设计要求和本标准的规定。

6.1.3 用于声屏障工程材料性能的检验报告应符合本标准第4章的有关规定，施工前应对用于结构的主要材料进行复验。

6.1.4 桥梁声屏障的安装应与桥梁的预埋件相匹配。

6.1.5 声屏障构件在运输、安装过程中，应采取有效措施防止擦伤、损坏或变形。立柱在现场就位后，应采用双螺母或防松动垫圈等防松措施。

6.1.6 安装在防撞墙上的声屏障进行改建时，应对立柱锚固的可靠性进行检测，不能满足使用要求的应移位重新安装，并对原声屏障立柱的底座进行防锈处理。

6.2 基础及混凝土结构

6.2.1 桩基、基槽开挖与土方回填应符合现行行业标准《城市桥梁工程施工与质量验收规范》CJJ 2和《建筑基桩检测技术规范》JGJ 106的相关规定。沉入桩的接桩焊接质量应符合现行上海市工程建设规范《城市道路桥梁工程施工质量验收规范》DG/TJ 08—2152的相关规定。

6.2.2 钢筋工程施工及混凝土结构工程施工应符合现行国家标准《混凝土结构工程施工质量验收规范》GB 50204和现行行业标

准《城市桥梁工程施工与质量验收规范》CJJ 2 的相关规定。

6.2.3 声屏障立柱或钢构架柱安装的预埋件或地脚螺栓应在混凝土基础施工时预先埋设。基础混凝土浇筑前,应保证预埋件或地脚螺栓定位准确、固定牢固,浇筑混凝土过程中预埋件不发生位移,螺纹部分应采取有效的保护措施。预埋件安装质量允许偏差应符合表 6.2.3 的规定。

表 6.2.3 预埋件安装质量要求

项次	检查项目		允许偏差	检查方法
1	预埋锚杆(地脚螺栓)	螺杆垂直度	2%	量角器量测
		螺杆纵、横向位置	2.0 mm	钢尺量测
		外露螺杆长度	+3.0 mm	钢尺量测
2	预埋锚垫板	中心线位置	2.0 mm	钢尺量测
		平面高差	±2.0 mm	钢尺+水准仪检查

6.3 声屏障制作

6.3.1 钢立柱或钢构架的制作应符合下列要求:

1 高度小于或等于 3 m 的钢立柱应采用整体型钢,高度大于 3 m 的钢立柱允许有一条对接焊缝。钢立柱或钢构架拼接时,其翼板与腹板应错位拼接,错位量应大于 200 mm。

2 钢立柱或钢构架的断料、切割、制孔、组装的制作质量,应符合现行国家标准《钢结构工程施工质量验收标准》GB 50205 的有关规定。

3 钢立柱或钢构架的焊接坡口、切口质量,应符合现行国家标准《钢结构焊接规范》GB 50661 的有关规定。

4 钢立柱或钢构架的拼接以及钢立柱或钢构架与底板(或端板)的连接应采用熔透焊,焊缝质量等级不应低于二级。其他采用角焊缝的,焊缝质量等级为三级。

5 以板材组装焊接的 H 型钢立柱或钢构架的柱、梁,应在合格的制作胎架中对板材进行定位和组装,其翼板与腹板的 T 型焊缝的质量等级不应低于二级。以板材组装焊接 H 型钢的制作质量应符合表 6.3.1-1 的规定。

6 钢立柱或钢构架柱、梁焊接后的变形应采用机械或热加工方法予以矫正。立柱端部弧型采用热加工弯制成形时,其碳素结构钢和低合金结构钢的加热温度应控制在 900 ℃ ～1 000 ℃。低合金结构钢在加热成形后应自然冷却。

表 6.3.1-1　板材组装焊接 H 型钢立柱质量要求(mm)

项次	检查项目		规定值及允许偏差	检查方法
1	焊缝质量	二级焊缝	按 GB 50205 规定	超声探伤法
		三级焊缝	按 GB 50205 规定	外观目视＋焊缝高度尺
2	截面高度(h)		±2.0	钢尺量测
3	截面宽度(b)		±3.0	钢尺量测
4	腹板中心偏移		≤2.0	钢尺量测
5	翼板垂直度		$b/100$,且不应大于 2.0	垂线＋钢尺量测
6	弯曲矢高		$L/1\,000$,且不应大于 5.0	模线＋钢尺量测
7	扭曲		$h/250$,且不应大于 5.0	模线＋钢尺量测

注:L 为杆件长度。

7 柱脚底板或钢构架柱、梁连接板应平整,底板与柱轴线应垂直。柱脚底板或钢构架柱、梁连接板或螺栓底孔应采用钻削制孔,螺栓孔径应符合现行国家标准《钢结构设计标准》GB 50017 的规定。螺栓孔径、孔距的允许偏差应符合表 6.3.1-2～表 6.3.1-4 的规定。

表 6.3.1-2　A、B 级螺栓孔径的允许偏差(mm)

项次	检查项目		允许偏差	检查数量		检查方法
				范围	点数	
1	螺栓孔径	10～18	0～+0.18	查总数的10%,且不少于3件	1	游标卡尺量测
2		18～30	0～+0.21			
3		30～50	0～+0.25			

表 6.3.1-3　C 级螺栓孔径的允许偏差(mm)

项次	检查项目	允许偏差	检查数量		检查方法
			范围	点数	
1	直径	0～+1.0	查总数的10%,且不少于3件	1	游标卡尺量测
2	圆度	≤2.0			
3	垂直度	≤0.3t,且≤2.0			

注:t 为钢板厚度。

表 6.3.1-4　螺栓孔孔距的允许偏差(mm)

项次	螺栓孔孔距径(d)	同一组内任意两孔间距离	相邻两组的端孔间距离	检查数量		检查方法
				范围	点数	
1	d≤500	±1.0	±1.5	抽查总数的10%,且不少于3件	1	游标卡尺量测
2	500<d≤1 200	±1.5	±2.0			
3	1 200<d≤3 000	—	±2.5			
4	d>3 000	—	±3.0			

6.3.2 吸声屏体材料的断料、切割、制孔、组装的制作质量,应符合现行国家标准《钢结构工程施工质量验收标准》GB 50205、《铝合金结构工程施工质量验收规范》GB 50576 等的规定,并应符合下列要求:

　　1 屏体剪切、制孔后,应对板材断口的毛刺、锈蚀进行打磨和清除,并应在涂装前对断口作防锈处理或氧化处理。

2 吸声屏体面板与背板及侧板、龙骨的组装应符合以下
要求：

    1）采用不锈钢螺钉或不锈钢抽芯铆钉固定的，直线型屏体
        的铆接间距不应大于 200 mm，弧形屏体的铆接间距不
        应大于 80 mm。

    2）采用焊接固定时，其间断焊的焊点长度不应小于
        8 mm，相邻焊点的间距不应大于 100 mm。

    3）采用镀锌钢板制作的屏体，其焊道、制孔及断料边缘部
        位应进行打磨和局部抛光除锈，并应在涂装前作补锌
        处理。

3 以憎水布或透气膜包裹的离心玻璃纤维，以及采用聚酯
纤维板、泡沫铝、铝纤维等纤维类吸声材料，应在屏体的型腔内作
可靠固定。

6.3.3 隔声屏屏框的组装应符合下列规定：

    1 采用铝合金型材的窗框（窗扇）的转角节点，应采用专用
角铝型材转角件或镀锌钢板弯制的等强连接件连接固定。

    2 采用塑钢型材的窗框（窗扇）的转角节点，框架的转角应
采用专用型钢或焊接连接形式，不应采用抽芯铆钉铆固。

    3 透明隔声屏窗扇与窗框贴合处安装的密封条，应符合现
行国家标准《声屏障结构技术标准》GB/T 51335 的规定。窗扇闭
合时，密封条应处于压缩状态。

    4 插销、撑杆、执手、铰链等配件的安装应采用不锈钢螺钉
与透明隔声屏窗扇的内置钢型材可靠固定，并应符合本标准
第 5.3.9 条的规定。

6.3.4 隔声屏隔声材料的组装应符合下列规定：

    1 采用聚甲基丙烯酸甲酯（PMMA）、聚碳酸酯（PC）高分子
板材作透明屏体时，板材与框架间应采用抗老化橡胶垫，橡胶垫
应对透明材料无腐蚀作用，橡胶垫的压变形量不应大于 2 mm。
高分子板端应与钢结构保留 $3L/1\ 000$ 的伸缩余量（L 为立柱间

距)。板材嵌入型材的深度应不小于 $L/100$,且不小于 20 mm。

2 采用夹胶玻璃作透明屏体时,玻璃在型材内的嵌入深度应不小于 12 mm,玻璃的端部与型材结合处应设置橡胶防震条。当玻璃采用压条固定时,压条与玻璃应贴紧,压条与型材的接缝处应无明显缝隙。

3 透明隔声屏的高分子复合板以螺栓穿板孔固定时,安装孔径应为螺栓的 1.5 倍。加筋聚甲基丙烯酸甲酯(PMMA)板的螺栓穿板孔边缘不宜小于 150 mm。

6.3.5 上、下罩板及雨水导流板的制作质量要求应符合本标准第 6.3.2 条的规定。

6.3.6 声屏障钢构件的防腐处理应符合下列规定:

1 立柱和吸声屏体的除锈及防腐处理,应符合设计和本标准的要求,并应符合现行国家标准《公路交通工程钢构件防腐技术条件》GB/T 18226 的有关规定。

2 构件在进入热浸镀锌之前,应对构件进行抛丸等除锈除油污处理,除锈等级不低于 Sa2.5 级。

3 声屏障钢构件应采用热浸镀锌+喷塑或喷漆的工艺进行表面防腐处理。经热浸镀锌的钢构件在喷塑或喷漆前,应对其表面进行喷砂或磷化等工艺处理。

4 声屏障钢构件采用热浸镀锌+喷塑或喷漆防腐处理时,其镀锌层的平均厚度以及喷塑或喷漆的涂层厚度应符合表 6.3.6 的规定。

表 6.3.6　锌层及涂层平均厚度(μm)

序号	防腐方法	锌层平均厚度	涂层厚度
1	热浸镀锌+喷漆	≥85	底漆层≥60,面漆层≥60
2	热浸镀锌+喷塑	≥85	≥76

5 防腐处理应在构件加工完成、检验合格后进行,防腐处理后的构件再次加工时,应对加工面重新进行防腐处理。

6.3.7 全封闭式声屏障钢结构的防火涂装应符合下列规定：

1 全封闭式声屏障钢结构防火涂层的涂装工程,应在其钢构架安装工程检验批的施工质量验收合格后进行。

2 薄涂型防火涂料的涂层厚度应符合本标准耐火极限的设计要求。薄涂型防火涂料的粘结强度应符合现行国家标准《钢结构防火涂料》GB 14907 的规定。

3 钢构件应按本标准防腐处理的要求进行抛丸等除锈除油污处理,除锈等级不应低于 Sa2.5 级。防火涂料应与钢构件的防锈底漆相容,并能结合良好。

4 防火涂料涂装基层不应有油污、灰尘和泥砂等污垢。防火涂料涂装时的环境温度和相对湿度应符合涂料产品说明书的要求和现行国家标准《钢结构工程施工质量验收标准》GB 50205 的规定。涂装时构件表面不应有结露,涂装后 4 h 内应避免雨淋。

6.3.8 弹簧卡应进行热处理,其淬火硬度应为 HRC40～HRC45。热处理后应对弹簧卡进行镀锌处理。

6.3.9 声屏障设施在制作过程中,应取不少于 3 个柱间距范围内的立柱或钢构架、屏体及构件进行预拼装。

6.3.10 声屏障的制作质量应符合下列要求：

1 直立式声屏障钢立柱制作质量应符合表 6.3.10-1 的规定。全封闭式、半封闭式声屏障的钢构架制作质量应符合表 6.3.10-2 的规定。

2 屏体及罩板的制作质量应符合表 6.3.10-3 和表 6.3.10-4 的规定。

3 外观质量要求：

　　1）构件焊缝均匀、包满,焊缝表面无裂纹、焊瘤、夹渣、飞溅等缺陷。

　　2）热浸镀锌法的构件,表面应光滑,不得有毛刺、污垢、焊瘤、焊渣和飞溅,并不得有过酸洗等缺陷。镀锌层厚度不得小于设计值,并应符合本标准第 6.3.6 条的规定。

3)镀锌构件的锌层应均匀,不得有流挂、滴瘤或多余结块,镀件表面应无漏镀、露铁等缺陷。镀锌构件的锌层应与基底金属结合牢固。

4)涂层漆膜厚度不得小于设计值,并应符合本标准第 6.3.6 条的规定。干漆膜厚度偏差不得大于涂层厚度的 10%。

5)涂层表面应光洁平整,涂层应均匀,无明显皱皮、流坠、气泡、针眼及色泽不均等缺陷。构件表面不应漏涂,涂层不应脱皮和露锌。

6)每批次构件涂层表观颜色色差应小于规定色 5%。

表 6.3.10-1　直立式声屏障钢立柱制作质量要求

项次	检查项目	允许偏差(mm)	检查方法
1	立柱长度	±4	钢尺量测
2	柱底面到屏体支承板距离	≤1.5	钢尺量测
3	柱脚螺栓孔中心距离	≤2	钢尺量测
4	柱脚底板平整度	≤2	靠尺+塞尺量测
5	柱身扭曲	≤3	模线+钢尺量测
6	涂(镀)层厚度	符合设计要求	测厚仪量测

表 6.3.10-2　全封闭式、半封闭式声屏障钢构架制作质量要求

项次	检查项目	允许偏差(mm)	检查方法
1	钢构架柱高度	±4	钢尺量测
2	钢构架梁长度	±3	钢尺量测
3	钢构架柱脚底板或梁端板平整度	$H/1\,000$	靠尺+塞尺量测
4	钢构架柱及梁连接板平整度	$H/1\,000$	靠尺+塞尺量测
5	柱底面到屏体支承板距离	≤1.5	钢尺量测
6	钢构架柱或梁扭曲	≤3	模线+钢尺量测

续表 6.3.10-2

项次	检查项目	允许偏差(mm)	检查方法
7	钢构架柱脚底板螺栓孔中心距离	≤2	钢尺量测
8	钢构架柱、梁连接板螺栓孔中心距	≤2	钢尺量测
9	屏体固定螺栓底孔中心距	见本标准表 6.3.1-4	钢直尺量测
10	连系梁或系杆节点间距	≤3	钢直尺量测
11	涂(镀)层厚度	符合设计要求	测厚仪量测

表 6.3.10-3　吸声屏体制作质量要求

项次	检查项目	允许偏差(mm)	检查方法
1	宽度、高度	−2～+5	钢尺量测
2	平整度	≤3	游标卡尺量测
3	直线度	≤2	水平尺、塞尺量测
4	屏体对角线差	≤3	钢尺量测
5	涂(镀)层厚度	符合设计要求	测厚仪量测

表 6.3.10-4　透明隔声屏体制作质量要求(mm)

项次	检查项目		允许偏差		检查方法
			铝合金	塑钢	
1	宽度及高度	≤1 500	≤1.5	≤2	钢尺量测
2		>1 500	≤2	≤3	
3	屏体对角线	≤2 000	≤3	≤3	钢尺量测
		>2 000	≤4	≤5	
4	杆件焊接处平面度		≤0.6		靠尺+塞尺量测
5	框、扇杆件装配间隙		≤0.3		
6	附件		安装牢固		—
7	五金配件		运转灵活、无卡阻		—
8	涂(镀)层厚度		符合设计要求		测厚仪量测

6.4 安　装

6.4.1 声屏障构件在运输过程中,应采取有效措施防止擦伤、损坏或变形。应对进入安装现场的声屏障构件的规格、数量、外形尺寸及外观质量等项目进行实物验收。

6.4.2 直立式声屏障钢立柱或全封闭式声屏障钢构架柱安装前,应对预埋锚栓螺杆的垂直度、纵横向位置、外露长度或预埋锚垫板的中心线位置、平面高差状况进行复核。

6.4.3 防撞墙采用马鞍形支座构造时应符合下列规定:

1 防撞墙采用马鞍形支座时,其穿墙螺栓底孔的施工应避开混凝土受力主筋和管线。

2 马鞍形支座安装时应与防撞墙贴合,鞍座与防撞墙顶面的空隙处应以高强度等级的树脂水泥砂浆填实。

3 马鞍形支座螺栓对穿固定时,其螺栓的六角头应位于防撞墙内侧,并应按现行行业标准《工程机械　装配通用技术条件》JB/T 5945 规定的拧紧扭矩进行紧固。螺母紧固后,应按设计要求安装防松螺母或采取其他有效的防松措施。

6.4.4 化学锚栓的施工应符合下列规定:

1 化学锚栓锚固胶的掺料和用量应符合产品说明书的规定。

2 锚栓安装时应进行现场质量监督,锚孔施工应避开混凝土受力主筋和管线,废孔应用化学锚固胶或高强度等级的树脂水泥砂浆填实。

3 锚孔施工质量及锚栓锚固深度应符合设计和生产厂要求,其允许偏差应符合表 6.4.4 的规定。

表 6.4.4 锚孔及锚栓锚固深度允许偏差

项次	检查项目		允许偏差	检查方法
1	锚孔	深度	0～+20 mm	钢尺量测
2		垂直度	≤0.5°	万能角尺量测
3		位置	≤2 mm	钢尺量测
4	锚栓锚固深度		0～+5 mm	钢尺量测

4 化学锚栓置入锚孔后,应按照生产厂规定的养生要求进行固化,固化期间禁止扰动。

5 锚栓安装完成后应按现行上海市工程建设规范《建筑锚栓抗拉拔、抗剪性能试验方法》DG/TJ 08—003 的规定对其进行抗拉拔试验。

6.4.5 立柱及钢构架的安装应符合下列规定:

1 立柱底板与混凝土表面接触应平整密实,结合面存在间隙或有垫片的应浇注环氧砂浆予以密闭。

2 立柱安装就位后应及时安装垫圈及螺母,并按现行行业标准《工程机械 装配通用技术条件》JB/T 5945 规定的拧紧扭矩进行紧固。螺母紧固后,应按设计要求安装防松螺母或采取其他有效的防松措施。当立柱底板的安装底孔为大圆孔或槽孔时,应采用大厚垫圈或厚垫板。

3 立柱或立柱底板采用与预埋钢板或钢防撞墙焊接固定时,立柱或立柱底板的沿周应按规定制作焊接坡口后施以熔透围焊,其焊缝质量要求应按本标准第 6.3.1 条的规定执行。现场焊接应符合以下规定:

1) 焊接时底板上宜增设工艺气孔,底板焊接后应封闭工艺气孔。

2) 冬季或风速大于或等于 8 m/s 时(CO_2 气体保护焊风速大于 2 m/s 时),焊接时应采取防寒、防风措施。

3) 雨雪天气不得露天施焊。

4) 现场焊缝应以电动工具进行除锈,并按设计要求进行防腐涂装。

4 全封闭式或半封闭式声屏障的钢结构在安装过程中,应采取临时钢支撑、缆风绳等安全措施以保证结构整体的稳固性。

6.4.6 屏体的安装应符合下列规定:

1 屏体插入立柱时应处于平直和对称状态。

2 弹簧卡应与立柱内壁顶紧,且应处于弹性变形状态,在以250 N外力作用下,屏体应无明显后移。弹簧卡不得外露立柱内壁。

3 屏体与屏体贴合处,宜以密封胶条进行封闭。窗扇闭合时,窗与窗框贴合处的密封条应处于压缩状态。

4 立柱内侧设置支撑件的,其支撑件应以热浸镀锌螺栓予以固定,并应设置防松锁紧螺母。

5 防坠索的安装应符合以下规定:

1) 吸声屏框或透明隔声屏框的型腔内,应穿有不小于4 mm的不锈钢丝绳和配套构件与立柱相连。防坠索应留有相应的余量,多余的安全绳应隐蔽在立柱型腔内,并应能保证屏体受到冲击时松开。

2) 防坠索的绳端应做成挂环与立柱腹板作可靠固定。

6 屏体端部在立柱型腔内的嵌入长度应符合本标准第5.4.9条的规定。

7 全封闭式声屏障的屋面屏体与钢梁面或檩条面之间应以橡胶条密封。

6.4.7 罩板或雨水导流板的安装应符合下列规定:

1 罩板与屏体及立柱应贴合紧密、无缝隙。

2 雨水导流板的安装必须顺车辆行驶方向搭接。

6.4.8 直立式声屏障安装质量应符合表6.4.8-1的规定。全封闭式、半封闭式声屏障安装质量应符合表6.4.8-2的规定。

表 6.4.8-1　直立式声屏障安装质量要求

项次	检查项目	允许偏差	检查方法
1	立柱中心距	±5 mm	钢尺量测
2	柱轴线与支承面垂直度	≤H/1 000 mm	垂线+钢尺量测
3	相邻柱顶面高差	±10 mm	钢尺量测
4	屏端在柱体内搭接长度	±3 mm	钢尺量测
5	防坠索与屏体连接	按设计或本标准规定	目测+手动检查
6	防坠索索端节点	按本标准规定	目测+手动+扭矩扳手检查
7	地脚螺栓螺母拧紧程度	按设计或本标准规定	扭矩扳手检查
8	屏体间贴合间隙	按本标准规定	目测+塞尺量测
9	罩板、导流板安装规范性	按本标准规定	目测+手动检查

表 6.4.8-2　全封闭式、半封闭式声屏障安装质量要求

项次	检查项目	允许偏差	检查方法
1	钢构架柱间距	±3 mm	钢尺量测
2	钢构架柱顶标高	±10 mm	钢尺量测
3	钢构架柱轴线与路面垂直度	≤H/1 000 mm	垂线+钢尺量测
4	钢构架相邻梁顶面高差	±3 mm	钢尺量测
5	钢构架梁柱或法兰结合面间隙	顶紧接触面>75%	直尺和塞尺量测
6	钢构架地脚螺栓螺母拧紧扭矩	按设计或本标准规定	扭矩扳手检查
7	连系梁、支撑、檩条安装规范	按设计或本标准规定	目测+塞尺+扭矩扳手检查
8	屏体端部与立柱腹板间距	±3 mm	钢尺量测
9	屏体防坠落装置	按设计或本标准规定	目测+手动+扭矩扳手检查

6.4.9 声屏障安装外观检查应符合下列规定：

1 立柱锚固螺栓安装齐全，螺母拧紧扭矩达到规定值，螺杆外露螺母长度应大于 2 个~3 个螺距。

2 立柱底板与预埋件的焊接质量应符合设计要求和本标准

的规定。立柱底板与支承面存在间隙或有垫片的,应浇注环氧砂浆予以密闭。

3 屏体的弹簧卡或缓冲橡胶条应与立柱翼板内侧顶紧,弹簧卡或缓冲橡胶条无外露。

4 屏体间橡胶密封条应粘接牢固、无外露。

5 屏体的防坠索应安装齐全,钢丝绳绳端在主受力构件上固定牢固。

6 上、下罩板应安装平直,与屏体贴合紧密,无明显缝隙,固定螺钉齐全。

7 屏体保护涂(镀)层应完好、无擦伤,表面涂层无明显色差。

8 立柱应垂直,屏体应平直,无明显高低起伏。

9 全封闭式、半封闭式声屏障的钢构架梁、柱连接或连系梁、支撑或檩条的连接螺栓安装应规范齐全,螺母拧紧扭矩应达到规定值。

10 全封闭式、半封闭式声屏障的屋面屏体与钢构架梁面或檩条面之间密封橡胶条应无外露。屏体应安装规范、螺栓固定齐全。

11 全封闭式声屏障钢构架构件表面的防火材料的涂覆不应存在漏涂、脱粉、明显裂纹,防火涂层的涂装质量应符合现行国家标准《钢结构工程施工质量验收标准》GB 50205 的规定。

7 性能试验

7.1 一般规定

7.1.1 声屏障产品的性能试验主要分为构件声学性能试验、防火性能试验、力学性能试验和防腐层性能试验。

7.1.2 声学材料的生产单位及产品供应商应提供聚甲基丙烯酸甲酯(PMMA)、聚碳酸酯(PC)、玻璃的声学和物理及防火性能测试报告。

7.1.3 声屏障设施的制作单位,应对金属、非金属声屏障声学材料声学、物理和防火性能以及构件力学性能、防腐性能等项目进行测试,并提供测试报告。

7.2 结构构件力学性能

7.2.1 根据设计要求所制作的声屏障,应对声屏障结构进行模拟加载力学性能试验。将声屏障试件水平方向安装固定两跨,在声屏障正面按规定重量分四级加载,第一、二级加载重量各为总荷载的 30%,第三、四级加载重量各为总荷载的 20%,使单位面积压力达到设计规定值。用应变采集仪、位移计测试构件以下各部位应力值、应变值和位移量:

    1 立柱根部、中部应力应变值。

    2 屏框中部(含窗框、扇)应力应变值、挠度值。

    3 立柱顶端位移值。

7.2.2 防坠试验应符合下列要求：

    1 防坠索绳端承载力：按设计要求，对已压接固定的防坠落组件，在万能试验机按防坠索的最小破断力进行绳端承载力试验。

    2 屏体防坠落性能：按现行国家标准《浇铸型聚甲基丙烯酸甲酯声屏板》GB/T 29641 中规定的试验方法，将直立型声屏障立柱及屏体固定在试验机上，施加不低于 6 kJ 冲击荷载进行破坏性试验，屏体端部不得脱落立柱。

7.2.3 透明屏抗风压性能应按现行国家标准《建筑幕墙气密、水密、抗风压性能检测方法》GB/T 15227 的规定进行测试。

7.2.4 透明屏窗框、窗扇转角节点承载力，用万能试验机按窗框、窗扇转角的最小破断力，对窗框、窗扇转角节点承载力进行试验。

7.2.5 高分子板材抗冲击性能应按现行国家标准《硬质塑料落锤冲击试验方法通则》GB/T 14153 的规定进行测试。

7.3 构件防腐层性能

7.3.1 镀锌层均匀性、附着性及耐盐雾性试验应符合下列要求：

    1 镀锌构件的锌层应均匀，按现行国家标准《隔离栅》GB/T 26941.1~6 规定试验后，应无金属铜的红色沉积物。

    2 镀锌构件的镀层应与基底金属结合牢固，按现行国家标准《隔离栅》GB/T 26941.1~6 规定试验后，锌层不剥离、不凸起，不得开裂或起层到用手指能够擦掉的程度。

    3 镀锌构件按现行国家标准《人造气氛腐蚀试验 盐雾试验》GB/T 10125 规定试验后，基体钢材不应出现腐蚀现象。

7.3.2 粉末喷涂层均匀性、附着性、耐盐雾性、耐候性及耐化学品试验应符合下列要求：

    1 粉末喷涂层应均匀光滑、连续，无肉眼可见的小孔、孔隙、裂缝、脱皮等缺陷。

    2 粉末喷涂层应附着良好,按现行国家标准《色漆和清漆　划格试验》GB/T 9286、《公路交通工程钢构件防腐技术条件》GB/T 18226 的规定进行试验后,刻痕光滑,涂层除交叉切割处外无剥落,试验结果应达到 0 级要求。

    3 粉末喷涂层构件按现行国家标准《色漆和清漆　耐中性盐雾性能的测定》GB/T 1771 规定试验后,粉末喷涂层应无起泡、剥离、生锈现象。

    4 涂层构件耐候性试验应符合现行国家标准《色漆和清漆　人工气候老化和人工辐射曝露　滤过的氙弧辐射》GB/T 1865 的规定,暴露试板 96 h,涂层不得产生裂纹、破损现象。

    5 涂层构件耐化学品试验应符合现行国家标准《色漆和清漆　耐液体介质的测定》GB/T 9274 的规定,测定 72 h,涂层应无起泡、剥离现象。

7.4　防火性能

7.4.1　聚甲基丙烯酸甲酯(PMMA)、聚碳酸酯(PC)板材的燃烧性能,应按现行国家标准《建筑材料可燃性试验方法》GB/T 8626 规定试验,并按现行国家标准《建筑材料及制品燃烧性能分级》GB 8624 的规定进行评级。

7.4.2　薄涂型防火涂料的耐火性能应不低于现行国家标准《钢结构防火涂料》GB 14907 中的 $F_p1.00$ 级。薄涂型防火涂料的粘结强度应按现行国家标准《建筑构件耐火试验方法》GB/T 9978 的规定方法进行试验。

7.5　耐候性能

7.5.1　金属材料应按现行国家标准《人造气氛腐蚀试验　盐雾

试验》GB/T 10125 测试,并应按现行国家标准《金属基体上金属和其他无机覆盖层 经腐蚀试验后的试样和试件的评级》GB/T 6461 评级。

7.5.2 高分子材料应按现行国家标准《塑料 实验室光源暴露试验方法 第 2 部分:氙弧灯》GB/T 16422.2 测试。

8 验 收

8.0.1 声屏障工程质量验收应按检验批、分项工程、分部(子分部)工程进行验收,并应符合现行行业标准《城镇道路工程施工与质量验收规范》CJJ 1、《城市桥梁工程施工与质量验收规范》CJJ 2、《公路工程质量检验评定标准 第一册 土建工程》JTG F80/1 及现行上海市工程建设规范《公路工程施工质量验收标准》DG/TJ 08—119 的规定。

8.0.2 声屏障工程质量验收应在施工单位自检基础上进行。在验收时,应对测试数据及验收意见进行记录。

8.0.3 检验批合格质量标准应符合下列规定:

1 验收项目应符合本标准合格质量标准的要求。

2 外观检查项目的检验结果应有 80% 及以上的检查点(值)符合本标准质量标准的要求,且最大值不应超过其允许偏差值的 1.1 倍。

3 质量检查记录、质量证明文件等资料应完整。

8.0.4 分项工程合格质量标准应符合下列规定:

1 分项工程所含的各检验批均应符合本标准合格质量标准的规定。

2 分项工程所含的各检验批质量验收记录应完整。

8.0.5 分部(子分部)工程质量验收应符合下列规定:

1 分部(子分部)工程所含各分项工程的质量均应符合合格质量标准。

2 质量验收资料应完整。

3 有关安全及功能的检验和见证检测项目以及观感质量验收应在分项工程验收合格后进行,检测结果应满足合格质量标准的要求。

8.0.6 声屏障的吸声、隔声性能和实际的降噪效果的验收应按本标准附录 B 的规定,并应符合现行国家标准《声学 建筑和建筑构件隔声测量 第 3 部分:建筑构件空气声隔声的实验室测量》GB/T 19889.3、《声学 混响室吸声测量》GB/T20247 和现行行业标准《声屏障声学设计和测量规范》HJ/T 90 的规定。

8.0.7 声屏障工程或分部工程竣工验收时,应提供下列质量验收技术文件和记录:

1 声屏障工程竣工图纸及相关设计文件,包括齐全、系统的工程施工监理资料。

2 有关委托专业检测机构的检测报告和相关见证检测项目检查记录。

3 有关观感质量和安全及功能的检验项目检查记录。

4 各项预制件、分项工程完工后检查记录。

5 隐蔽工程检验项目检查验收记录。

6 分项工程所含各检验批质量验收记录。

7 分部工程所含各分项工程质量验收记录。

8 所有原材料、半成品和成品质量合格证明文件及性能检测报告。

9 施工过程中的质量、技术问题实施方案及验收记录。

10 其他有关文件和记录。

8.0.8 声屏障工程质量验收记录应符合下列规定:

1 分项工程检验批验收记录可按本标准附录 E 执行。

2 有关安全及功能的检验和见证检测项目可按本标准附录 C 执行。

3 观感质量检查项目可按本标准附录 D 执行。

9 维护保养和检测

9.1 一般规定

9.1.1 声屏障设施应进行日常维护和定期保养。道路声屏障设施的维护保养工作,除应符合本标准外,还应符合本市道路养护安全作业规范的规定。

9.1.2 在极端气候或突发事件后,应及时对声屏障设施的结构状态进行检查。

9.1.3 声屏障设施应定期进行结构的安全检测。声屏障设施安全检测的技术要求除应符合本标准外,还应符合现行国家标准《声屏障结构技术标准》GB/T 51335 的规定。

9.1.4 既有声屏障设施检测不满足要求的,应进行修复、更换、加固或拆除重建。

9.2 巡查和检查

9.2.1 根据各路况的特殊性要求,管理部门或养护单位应编制声屏障设施的日常巡查、专项检查计划,以及特殊状况下处置的应急预案。

9.2.2 道路声屏障设施的日常巡查周期:城市道路为每日巡查1次,公路为每周巡查1次。日常巡查以目测为主,主要对屏体及立柱的整体完好状况进行巡查,包括立柱的倾斜,屏体的倾斜、移位、脱落、破损,罩板的松动、脱落、破损等方面。声屏障日常巡查记录可按本标准附录 F 执行。

9.2.3 声屏障设施的专项检查周期为 1 年,检查项目、检查内容和要求应按表9.2.3的规定执行。

表9.2.3 声屏障设施的专项检查项目、内容和要求

序号	检查项目	检查内容和要求	检查方法
1	基础、导墙及地脚(锚固)螺栓	基础、导墙无开裂、倾斜;钢筋及地脚螺栓无外露、松动、锈蚀	目测、放大镜观察
2	立柱	柱体垂直无倾斜,焊缝无裂纹;固定螺母及垫圈无缺失、松动、锈蚀;涂层无剥落、龟裂、风化;杆件无锈蚀	目测、放大镜观察、锤击、扭矩扳手、水平仪、涂层测厚仪量测
3	屏体	框架平整无破损、端部无外露;铰链、撑杆、插销等五金件无破损;密封胶(条)无老化、开裂、缩短、脱落;涂层无剥落、龟裂、风化;杆件无锈蚀	目测、钢卷尺、水平尺、折弯、涂层测厚仪量测
4	弹簧卡件	贴合完好,无变形、失效;无脱落、无位移、锈蚀	目测、钢卷尺、水平尺量测
5	防坠索	固定无松动;绳索无锈蚀、脆化、失效	目测、折弯、千分尺量测
6	罩板及雨水导流板	固定无松动、无破损、缺失;涂层无剥落、龟裂、风化;杆件无锈蚀	目测、涂层测厚仪量测

9.2.4 在极端或突发气候前后,或有对声屏障结构有重大影响的事件前后,应对声屏障设施结构的实际状态进行检查。

9.3 维护保养

9.3.1 声屏障设施维护保养的周期应符合下列要求:

1 快速路每月3次。

2 城市道路(除快速路外)每月不少于1次。

3 高速公路每月1次。

9.3.2 声屏障清洗作业应符合下列要求:

1 对不同路段、不同形式的声屏障应编制清洗计划和清洗要求。

2 声屏障清洗作业时,不得使用腐蚀性溶剂,不得使用利器刮铲屏体表面。

3 对透明屏体窗扇开启清洗后,应及时关闭窗扇,闭合窗扇插销。

4 声屏障清洗作业结束后,清洗作业设施和机具应及时撤离现场。

9.3.3 声屏障维护保养应符合下列要求:

1 对不同路段的声屏障应编制巡查计划及保养计划。

2 对巡查中发现屏体变形、歪斜、缺损等,应予以修复。

3 声屏障的维护保养工作应包括以下内容:

    1) 对松动的固定螺栓予以紧固,对倾斜的立柱予以检查,视情采取修复、拆除、更换等措施。

    2) 对油漆脱落、龟裂、锈蚀严重的立柱及屏体修复或更换。

    3) 对破损的屏体及失效的支撑件予以更换。

    4) 对松动、缺损的上、下罩板予以紧固和补缺。

    5) 对松动或破损的铰链、撑杆、插销、执手等五金件予以紧固或更换。

4 遇台风、暴雨、汛期、大雪等恶劣气候的前、后,应对声屏障的可靠性进行检查。

9.4 安全检测

9.4.1 声屏障在投入使用期间,管理单位应委托专业机构,每2年对声屏障设施进行安全检测并进行评定。声屏障安全检测应由具有专业检测资质的单位进行。

9.4.2 声屏障安全检测过程中现场检测主要应符合下列规定:

1 结构现场检测应包括下列内容:

    1) 立柱:垂直度、立柱底板锚固螺栓状况及焊缝质量。

    2）屏体:屏体完好状况、支撑件状况、屏体与立柱搭接
       状况。

    3）罩板:上、下罩板完好状况。

    4）防坠落:防坠索状况。

  2 结构防腐检测应包括下列内容:

    1）立柱及底板:构件及锚固螺栓锈蚀情况、涂层风化程度、
       涂层干漆膜厚度。

    2）屏体:屏框及罩板锈蚀情况、涂层风化程度、支撑件锈蚀
       情况、涂层干漆膜厚度。

  3 基础现场检测应包括下列内容:

    1）基础:基础表观性状（裂纹、外露钢筋锈蚀等）。

    2）锚固螺栓:螺母拧紧扭矩值和锚固螺栓抗拉拔强度值。

9.4.3 声屏障现场检测内容、方法和检测数量应按表 9.4.3 的
规定执行。

表 9.4.3　现场检测内容、方法和检测数量

项次	部位	检测内容	检测方法	检测数量
1	立柱	材料规格及壁厚	游标卡尺、测厚仪量测	抽检
		柱间距、垂直度	钢卷尺、水平仪量测	全数
		焊缝（立柱与底板、立柱对接等）	无损检测仪量测、放大镜观察	抽检
		立柱底板与支承面防腐状况	目测、塞尺量测	全数
		锈蚀、涂层状况	目测比对、测厚仪量测	抽检
2	屏体	材料规格	千分尺、测厚仪量测	抽检
		屏框连接状况	目测、钢卷尺量测	抽检
		平整度及外观	水平尺、钢直尺量测	抽检
		锈蚀、涂层状况	目测比对、测厚仪量测	抽检

项次	部位	检测内容	检测方法	检测数量
3	弹簧卡件	材料规格、厚度	游标卡尺、千分尺量测	抽检
		变形、缺失及与屏体固定状况	目测、钢直尺量测	全数
		锈蚀状况	目测比对、测厚仪量测	抽检
4	防坠落	材料规格	游标卡尺、千分尺量测	抽检
		与立柱及屏体连接状况	目测	抽检
		绳端固定	目测、手感、扭矩扳手量测	抽检
		锈蚀状况	目测比对、游标卡尺量测	抽检
5	罩板	材料规格	游标卡尺、千分尺量测	抽检
		变形、缺失及与屏体固定状况	目测、钢直尺量测	全数
		锈蚀、涂层状况	目测比对、测厚仪量测	抽检
6	地脚或锚固螺栓	螺栓设置状况	目测、锤击	全数
		螺母拧紧状况	数显扭矩扳手量测	抽检
		后置锚栓抗拔力	抗拔力测试仪量测	抽检
		锈蚀状况	目测比对、游标卡尺量测	抽检
7	基础及导墙	裂纹	游标卡尺、钢卷尺量测	全数
		(外露)钢筋锈蚀	钢筋锈蚀仪量测	抽检

注:1 有灯柱或墩号的道路以每个灯柱或墩号为1个检验批,无灯柱或墩号的道路以每25 m为1个检验批。

    2 抽检数量不应低于检验批数的5%(后置锚栓抗拔力的抽检数量应结合工程验收的规定执行)。

    3 对立柱、屏体存在晃动、倾斜、破损等状况的路段应扩大抽检比例。

    4 后置锚栓设置状况应包含锚杆固定情况、螺母紧固及垫圈完好状况。

    5 被检部位应在符合相关标准的检测条件下进行检测,且不应在检测前对其损坏。

附录 A 道路声屏障设置要求

A.1 一般规定

A.1.1 道路声屏障的设置应与道路周围环境景观相协调，并应能充分展现城市的容貌和城市景观。

A.1.2 高速公路与城市快速路衔接路段声屏障的设置应符合下列规定：

1 高速公路与城市快速路衔接路段（或匝道）声屏障的式样，应以该区域城市快速路的声屏障式样设置，并延伸至该路段结束。

2 高速公路与外环高速衔接路段（或匝道）声屏障的式样，应以外环高速的声屏障式样设置。

3 高速公路的市区段（外环高速以内）声屏障的式样，应以该区域城市快速路的声屏障式样设置。

A.1.3 快速路、外环高速及高速公路声屏障中设置透明隔声屏（景观窗）应符合下列规定：

1 城市快速路声屏障（特殊保护区域除外），应在其屏体中部设置透明隔声屏。

2 外环高速及高速公路的声屏障（特殊保护区域除外），包括距匝道出入口1.5 km范围、收费站出入口、桥梁段以及建成区或开发区的景观区域路段或范围的声屏障，应在其屏体中部设置透明隔声屏。

3 同一路段不同式样衔接处的声屏障，应在其屏体中部设置透明隔声屏。

4 城市快速路、外环高速及高速公路桥梁段的透明隔声屏应具有可开启、关闭功能。

A.1.4 应按规定的声屏障表面防腐涂层的颜色制定标准色卡。新增、改建工程以及维保上色工作中，应按标准色卡进行上色施工。

A.2 表观颜色

A.2.1 中心城区快速路声屏障防腐涂层颜色以"绿色"为主色调。快速路声屏障表观颜色规定见表 A.2.1。

表 A.2.1 快速路声屏障表观颜色

序号	道路名称	路段	主色调
1	"申"字形高架	高架段	绿色
2	中环路	高架段	绿色
		地面段、隧道出入口	灰白色
3	嘉闵、虹梅、北翟、华夏等快速路	高架道路	灰白色

A.2.2 外环高速及高速公路声屏障表观颜色应符合下列规定：

1 外环高速及高速公路声屏障防腐涂层颜色以"灰白色"为主色调。外环高速及高速公路声屏障表观颜色规定见表 A.2.2。

表 A.2.2 外环高速及高速公路声屏障表观颜色

序号	道路名称	路段	主色调
1	外环高速	地面段、桥梁段、高架段	灰白色
2	高速公路	地面段、桥梁段	灰白色

2 外环高速以内路段的声屏障，应按表 A.2.1 的规定执行。

A.2.3 声屏障表面防腐涂层颜色色号应符合下列规定：

1 绿色的色号：立柱 RAL6032（RGB 标准：36、113、70），屏体 RAL6019（RGB 标准：186、205、174）。

2 灰色的色号：RAL7040（RGB 标准：92、99、104），RAL7045（RGB 标准：135、143、146），RAL7047（RGB 标准：203、203、203）。

A.3 外观式样

A.3.1 快速路上声屏障的样式应符合下列规定：

1 快速路声屏障式样及屏体高度见表 A.3.1。

2 "申"字形高架、中环路高架段，屏体中部宜设置透明隔声屏；中环路地面段、隧道出入口，屏体中部及上部宜设置透明隔声屏。

3 城市快速路可根据环评要求，以及道路与高层建筑物紧邻的特殊情况或具有特殊管理要求的区域，设置半封闭或全封闭式声屏障。

表 A.3.1　快速路声屏障式样及屏体高度

序号	道路名称	路段	声屏障式样	屏体高度	备注
1	"申"字形高架	高架段	直弧式	2.8 m	式样图例见图 A.4-1
2	中环路	高架段	直弧式	3.2 m	式样图例见图 A.4-2
		地面段、隧道出入口	弧式	3.2 m～6.0 m	式样图例见图 A.4-3
3	嘉闵、虹梅、北翟、华夏快速路	高架段	直弧式	3.2 m～4.0 m	式样图例见图 A.4-4
		高架段	全封闭式	—	式样图例见图 A.4-5

A.3.2 外环高速及高速公路声屏障式样应符合下列规定：

1 外环高速及高速公路声屏障式样及屏体高度见表 A.3.2。

表 A.3.2　外环高速及高速公路声屏障式样及屏体高度

序号	道路名称	路段	声屏障式样	屏体高度	备注
1	外环高速	地面段	直线式＋上部蘑菇式	4.0 m～6.0 m	式样图例见图 A.4-6
		桥梁段	直弧式	2.8 m	式样图例见图 A.4-7
2	高速公路	地面段	直线式	3.2 m～6.0 m	式样图例见图 A.4-8
		桥梁段	直线式	3.2 m	式样图例见图 A.4-9

2 具有特殊环评要求的路段，声屏障的高度可按实际情况进行调整。

A.4 道路声屏障式样图例(资料性)

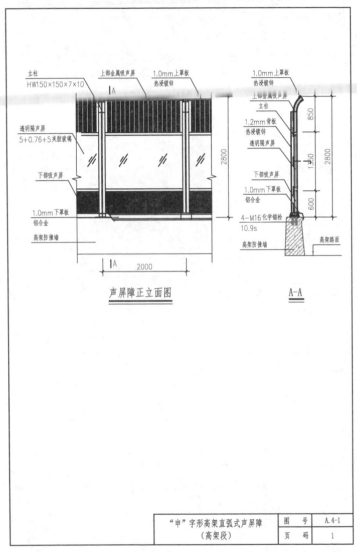

声屏障正立面图

A—A

"申"字形高架直弧式声屏障 (高架段)	图 号	A.4-1
	页 码	1

图 A.4-1 "申"字形高架直弧式声屏障(高架段)

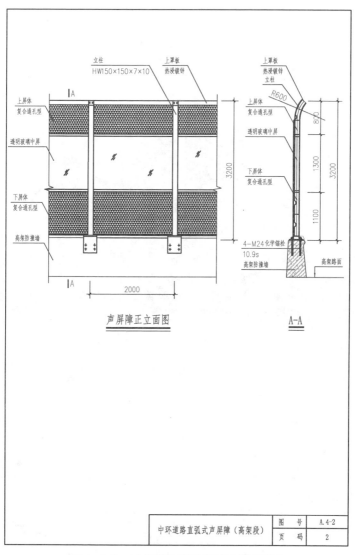

| 立柱 | 上罩板 | 上罩板 |
| HW150×150×7×10 | 热浸镀锌 | 热浸镀锌立柱 |

上屏体
复合通孔型

透明玻璃中屏

下屏体
复合通孔型

高架防撞墙

R600

上屏体
复合通孔型

透明玻璃中屏

下屏体
复合通孔型

4—M24化学锚栓
10.9s
高架防撞墙

高架路面

声屏障正立面图

2000

A-A

| 中环道路直弧式声屏障（高架段） | 图 号 | A.4-2 |
| | 页 码 | 2 |

图 A.4-2　中环路直弧式声屏障（高架段）

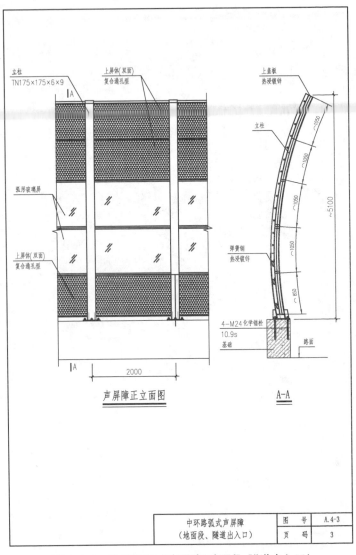

立柱
TN175×175×6×9

上屏体(双面)
复合通孔型

上盖板
热浸镀锌

立柱

弧形玻璃屏

上屏体(双面)
复合通孔型

弹簧钢
热浸镀锌

4—M24化学锚栓
10.9s

基础

路面

~5100

~1050

~1050

~1050

~1050

~850

2000

声屏障正立面图

A—A

| 中环路弧式声屏障
(地面段、隧道出入口) | 图 号 | A.4-3 |
| | 页 码 | 3 |

图 A.4-3 中环路弧式声屏障(地面段、隧道出入口)

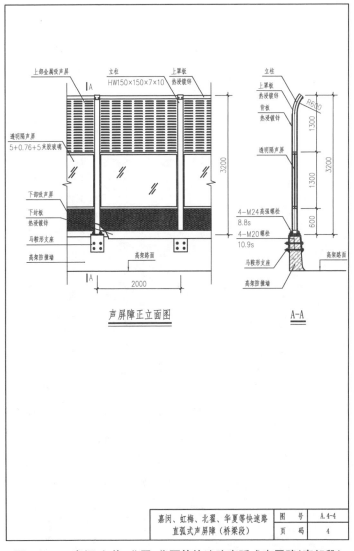

上部金属吸声屏　　　立柱　　　上罩板
　　　　　　　　　HW150×150×7×10　热浸镀锌

透明隔声屏
5+0.76+5夹胶玻璃

下部吸声屏
下封板
热浸镀锌
马鞍形支座
高架防撞墙

3200

2000

声屏障正立面图

立柱
上罩板
热浸镀锌
背板
热浸镀锌
透明隔声屏

R600
1300
1300
600
3200

4-M24高强螺栓
8.8s
4-M20螺栓
10.9s
马鞍形支座
高架防撞墙
高架路面

A-A

嘉闵、虹梅、北翟、华夏等快速路 直弧式声屏障（桥梁段）	图　号	A.4-4
	页　码	4

图 A.4-4　嘉闵、虹梅、北翟、华夏等快速路直弧式声屏障(高架段)

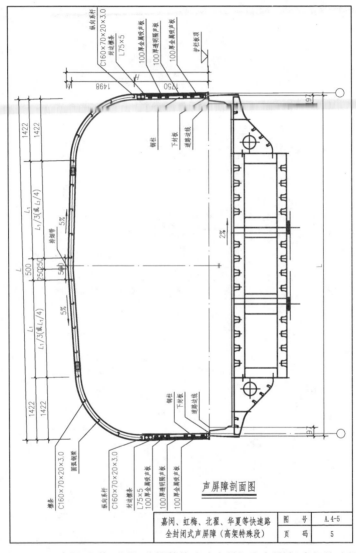

声屏障剖面图

| | 嘉闵、虹梅、北翟、华夏等快速路
全封闭式声屏障（高架特殊段） | 图 号 | A.4-5 |
| | | 页 码 | 5 |

图 A.4-5 嘉闵、虹梅、北翟、华夏等快速路全封闭式声屏障（高架特殊段）

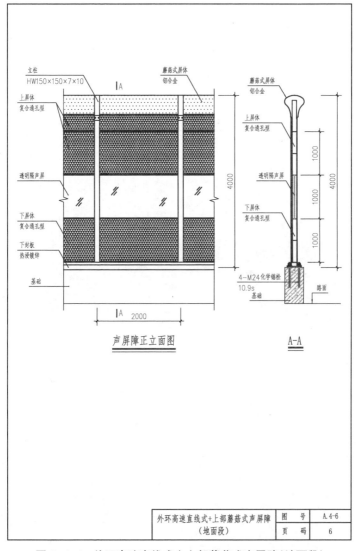

立柱 HW150×150×7×10		蘑菇式屏体 铝合金	
上屏体 复合通孔型		蘑菇式屏体 铝合金	
透明隔声屏		上屏体 复合通孔型	1000
下屏体 复合通孔型	4000	透明隔声屏	1000
下封板 热浸镀锌		下屏体 复合通孔型	1000
基础		4-M24化学锚栓 10.9s	4000
		基础	路面

| | 2000 |

声屏障正立面图　　　　　　　　　　　　　A-A

外环高速直线式+上部蘑菇式声屏障 （地面段）	图 号	A.4-6
	页 码	6

图 A.4-6　外环高速直线式+上部蘑菇式声屏障(地面段)

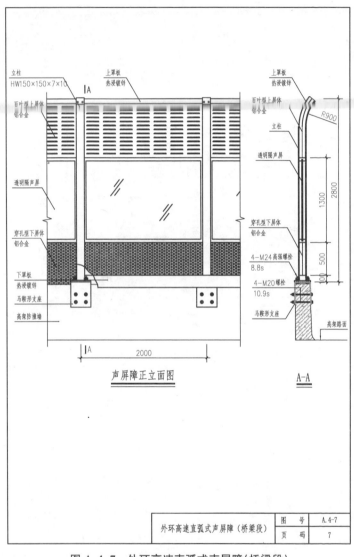

立柱
HW150×150×7×10
百叶型上屏体
铝合金
上罩板
热浸镀锌
透明隔声屏
穿孔型下屏体
铝合金
下罩板
热浸镀锌
马鞍形支座
高架防撞墙

上罩板
热浸镀锌
百叶型上屏体
铝合金
立柱
透明隔声屏
穿孔型下屏体
铝合金
4-M24高强螺栓
8.8s
4-M20螺栓
10.9s
马鞍形支座
高架路面

R900
2800
1300
500
100

2000

声屏障正立面图

A-A

外环高速直弧式声屏障（桥梁段）	图　号	A.4-7
	页　码	7

图 A.4-7　外环高速直弧式声屏障(桥梁段)

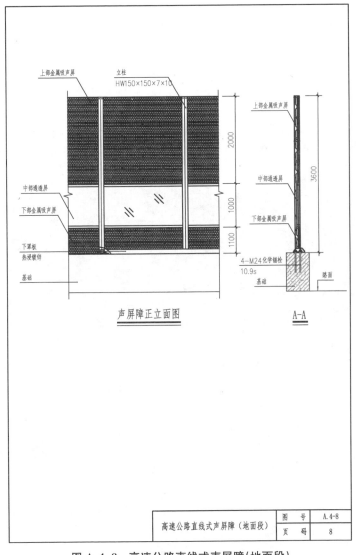

声屏障正立面图   A—A

	图 号	A.4-8
高速公路直线式声屏障（地面段）	页 码	8

图 A.4-8 高速公路直线式声屏障(地面段)

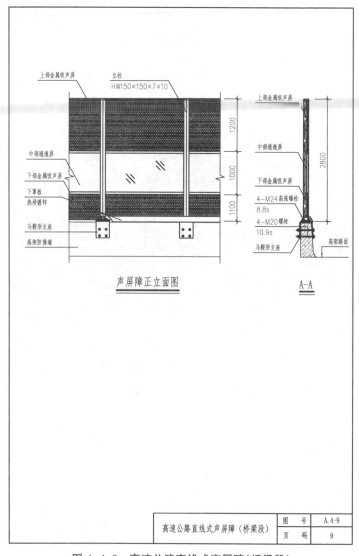

声屏障正立面图

A—A

高速公路直线式声屏障（桥梁段）	图 号	A.4-9
	页 码	9

图 A.4-9　高速公路直线式声屏障(桥梁段)

附录 B 声学设计和验收

B.1 声学设计

B.1.1 确定降噪目标是声屏障声学设计的首要前提,应在噪声敏感点确定的基础上,进一步开展声屏障设置位置、形式、高度等的声学设计。降噪目标可综合以下因素确定:

1 如项目开展过环评,应以环评报告为依据确定声屏障降噪目标。

2 应通过声屏障建设,尽可能使敏感点处声环境质量达标。

3 对于确实难以通过声屏障做到达标的,则一般应做到降噪效果在 5 dB(A)以上,以显著改善敏感点声环境质量,从而获得良好的社会效益。

4 对因周边其他噪声污染源导致达标困难的,应做到声屏障实施后道路的噪声贡献值明显低于周边污染源。

5 应适当兼顾工程性价比和工程安全,防止因少量的声学效果而大幅增加工程投资及降低工程安全性。

B.1.2 声屏障设置位置宜根据道路与防护对象之间的相对位置、周围的地形地貌等综合确定,位置选择的原则或是声屏障靠近声源,或者靠近防护对象,或者可利用周围的土坡、堤坝等障碍物等,力求以较少的工程量达到设计目标所需的降噪目标。

B.1.3 对靠近声源的声屏障,常见的设置位置有两种:一种是在道路路边设置 1 道侧屏;另一种是除路边设置 1 道侧屏外,同时在道路中间设置 1 道中屏,合计 2 道屏障。高于路面建筑为 3 层及以下的,可考虑 1 道屏障;3 层以上的,如建筑距路较远,可考虑 1 道屏障,较近时宜设置 2 道屏障。

B.1.4 对靠近防护对象的声屏障,应充分考虑防护对象特点确定,如可结合防护对象的围墙,将声屏障设置于围墙处以取得较好的降噪效果。

B.1.5 常见的声屏障设置形式见表 B.1.5,在相同高度下,表中声屏障效果依次增加。因此,可根据降噪效果选择所需声屏障:需降噪 15 dB(A)左右的,可选择全封闭式;12 dB(A)~15 dB(A)的,可选择半封闭式;12 dB(A)以下的,可根据需要依次选择带顶部吸声体式、生态墙式、倒 L 式、直弧式、弧式或直立式等。

表 B.1.5 声屏障设置形式

设置形式	描述	降噪效果	特点
直立式	最基本的直立式	一般	制作安装简单,造价低廉,但外形单一
弧形式	整体呈弧形	较好	流线型,美感强,但造价偏高,结构复杂
直弧式	下部直立,顶部微小弧度	较好	顶部带弧形,减少噪声的绕射,降噪效果较好
倒 L 式	下部直立,顶部倒 L 形	较好	顶部呈倒 L 形,减少噪声绕射,降噪效果较好
生态墙式	一般为直立式,可攀缘植物与墙体结合	较好	景观欣赏性较好,降噪效果较好,结构稳定
带顶部吸声体式	下部直立,顶部带吸声体(如圆形或蘑菇式吸声体等)	较好	顶部吸声体,增大声屏障实际高度的同时减少顶部绕射声,降噪效果较好,但顶部结构略显复杂
半封闭式	顶部弧度远大于直弧式	好	降噪效果好,但制作安装较难,单价偏高,采光性差
全封闭式	声屏障呈拱形包围道路	很好	降噪效果很好,但结构复杂,制作安装困难,造价高,景观性差,影响大气环境

B.1.6 声屏障高度及长度是决定声屏障降噪目标的主要指标,

应在满足前述降噪目标的基础上,通过声学计算确定声屏障的高度及长度。

B.2　声学验收

B.2.1　声屏障构件的隔声性能测试应按现行国家标准《声学 建筑和建筑构件隔声测量　第3部分:建筑构件空气声隔声的实验室测量》GB/T 19889.3规定的测试方法进行,被测试件应为平面整体试件,面积在10 m² 左右,试件和测试洞口之间的缝隙应密闭,并拥有足够的隔声效果。声屏障隔声性能测试结果用声屏障试件100 Hz~3 150 Hz的1/3倍频程频带的传声损失,计权隔声量或上述频率范围内的平均传输损失来表征。

可由施工单位提供的隔声量检测报告为依据,要求屏障隔声结构的计权隔声指数大于26 dB(A)。

B.2.2　声屏障构件的性能测试应按现行国家标准《声学　混响室吸声测量》GB/T 20247规定的测试方法进行,被测试件应是声屏障主体结构的平面整体试件,边缘采用密封,并应紧密贴在室内界面上。非平面声屏障结构应加工成平面结构,按上述方法进行测试。测试频率范围,对应倍频程频带中心频率为250 Hz~2 000 Hz,对1/3倍频程频带的中心频率为200 Hz~2 500 Hz,声屏障的吸声性能以朝向声源一侧的平面吸声结构的吸声系数或降噪系数来表征。

具体验收中可由施工单位提供的吸声材料的检测报告为依据,通常采用降噪系数NRC检验,要求NRC>0.6。

B.2.3　降噪效果验收应根据现场测量条件,参照现行行业标准《声屏障声学设计和测量规范》HJ/T 90要求,采用直接法或间接法测量声屏障设置后的受声点和参考点的A声级,计算插入损失,并提供由有监测资质单位提供的监测报告。

利用间接法测量声屏障插入损失时,一定要确保无屏障时的等效受声点与有声屏障的实际受声点的等效性,否则会带来较大误差。

一般无屏障的等效受声点可选在同一路段声屏障的附近,从而保证车流量等基本相同。由于声屏障建立前后受声点处的背景噪声会有变化,因此在计算插入损失时,应根据表 B.2.3 进行背景噪声的修正。另外,也可在声屏障设立前后直接测量受声点处的噪声值,扣除背景噪声及道路源强修正后,差值即为声屏障的降噪效果。

表 B.2.3 背景噪声的修正值

测量值和背景噪声值之差	修正值
3	-3
4~5	-2
6~9	-1

附录 C 声屏障工程有关安全及功能的检验和见证检测项目

表 C 声屏障分部工程有关安全及功能的检验和见证检测项目

项次	项目	抽检数量	检验方法	合格质量标准
1	见证取样送样试验项目： (1) 混凝土试块强度试验； (2) 主要材料复验； (3) 构件应力应变测试； (4) 防坠试验； (5) 涂层附着力测试； (6) 防火涂料粘结强度测试； (7) 化学锚栓抗拔力测试	(1) 见本标准第6.2节规定； (2) 见本标准第4.0.2、4.0.3、6.1.3条规定； (3) 见本标准第7.2.1条规定，取3档声屏障作测试； (4) 见本标准第7.2.2条规定，取3档声屏障作测试； (5) 见本标准第7.3.2条规定，按不同规格、不同施工区域抽查3件； (6) 见本标准第6.3.3条规定； (7) 见本标准第6.4.4条规定，按各品种取2件试样	(1) 符合本标准第6.2.4条和国家现行标准的规定； (2) 符合设计要求和国家现行有关产品标准的规定； (3) 应力、应变测试仪量测； (4) 摆锤试验机； (5) 涂层附着力测试仪量测； (6) 检查复检报告； (7) 抗拔力测试仪量测	见本标准第6.2节第4.0.2条第4.0.3条第8.2.1条第6.1.3条第7.2.1条第7.2.2条第7.3.2条第6.3.3条第6.4.4条
2	立柱： (1) 焊缝质量； (2) 柱轴线与支承面竖直度； (3) 紧固螺母拧紧扭矩值； (4) 柱脚与支承面防腐	(1) 一级焊缝无损探伤比例100%，二级焊缝探伤比例20%； (2)~(4) 按构件数随机抽查3%，且不少于3处	(1) 焊缝超声波检测仪量测； (2) 垂线＋钢直尺量测； (3) 数显扭矩扳手量测； (4) 目测＋塞尺量测＋钢凿	见本标准第6.3.1条第6.4.8条第6.4.9条

项次	项目	抽检数量	检验方法	合格质量标准
3	屏体： (1) 屏框连接； (2) 弹簧卡件； (3) 在柱体内搭接长度； (4) 罩板圆弧； (5) 整体直线度	(1)～(4) 按构件数随机抽查 3‰，且不少于 3 处； (5) 按检验批数随机抽查 3‰，且不少于 3 处	(1)、(3) 钢直尺量测＋目测； (2)、(4) 目测＋手推拉； (5) 钢丝＋钢直尺量测	见本标准 第6.3.2条 第6.4.6条 第5.4.9条 第6.4.7条 第6.4.9条
4	防坠索： (1) 绳端固定； (2) 与屏体连接	(1)、(2) 按构件数随机抽查 3‰，且不少于 3 处	(1) 目测＋拉力器量测； (2) 目测＋手拉动	见本标准 第6.4.6条 第6.4.9条

附录 D　声屏障工程有关观感质量检查项目

表 D　声屏障分部工程有关观感质量检查项目

项次	项目	抽检数量	合格质量标准	备注
1	混凝土结构： (1) 接桩焊接质量； (2) 基槽开挖、土方回填施工质量； (3) 钢筋、混凝土结构工程施工质量； (4) 预埋件或地脚螺栓施工质量	随机抽查 3 个轴线各 3％结构件	见本标准第 6.2.1 条、第 6.2.2 条、第 6.2.3 条	
2-1	钢立柱： (1) 立柱中心距； (2) 柱轴线与支承面垂直度； (3) 相邻柱顶面高差； (4) 涂层色差及厚度	随机抽查 3 个检验批各 3％结构构件	见本标准第 6.4.8 条、第 6.4.9 条	
2-2	钢构架： (1) 钢柱间距； (2) 钢柱柱轴线与支承面垂直度； (3) 相邻梁顶面高差； (4) 钢柱、梁连接结合面间隙； (5) 防火涂层	随机抽查 3 个检验批各 3％结构构件	见本标准第 6.4.8 条、第 6.4.9 条	

续表 D

项次	项目	抽检数量	合格质量标准	备注
3	屏体： (1) 表面平整度； (2) 屏间贴合； (3) 弹簧卡件； (4) 涂层色差及厚度	随机抽查 3 个检验批各 3％结构构件	见本标准 第6.4.6条、第6.3.8条、第6.4.9条	
4	罩板及雨水导流板： (1) 表面平直度； (2) 搭接方向； (3) 涂层色差及厚度	随机抽查 3 个轴线各3％结构构件	见本标准 第6.4.7条、第6.4.9条	

附录 E 声屏障分项工程检验批质量验收记录表

表 E.0.1 直立式声屏障(立柱制作)分项工程检验批质量验收记录

工程名称			检验批部位		
施工单位			项目经理		
监理单位			总监理工程师		
施工依据标准			分包单位负责人		
序号	验收项目	合格质量标准 (本标准)	施工单位 检验评定 记录或结果	监理(建设) 单位验收 记录或结果	备注
1	材料规格	第4.0.2条			
2	焊接材料规格	第4.0.4条			
3	立柱焊缝质量	第6.3.1条			
4	立柱外形尺寸	第6.3.6条			
5	柱体扭曲	第6.3.6条			
6	屏体支承板定位尺寸	第6.3.6条			
7	底板平整度	第6.3.6条			
8	柱脚螺栓孔间距	第6.3.6条			
9	表面镀(涂)层质量	第6.3.6条			
10	锌层厚度	第6.3.3、 6.3.6条			
11	涂层厚度	第6.3.3、 6.3.6条			

续表 E.0.1

序号	验收项目	合格质量标准 (本标准)	施工单位 检验评定 记录或结果	监理(建设) 单位验收 记录或结果	备注
12	涂层表观质量	第6.3.6条			
13	涂层色差	第6.3.6条			
施工单位检验 评定结果		班组长或专业工长：　　　质检员或项目技术负责人： 　　　　　　年　月　日　　　　　　年　月　日			
监理(建设)单位 验收结论		监理工程师(建设单位项目技术负责人)： 　　　　　　　　　　　　　　年　月　日			

表 E.0.2 全封闭式声屏障(钢构架制作)分项工程检验批质量验收记录

工程名称				检验批部位			
施工单位				项目经理			
监理单位				总监理工程师			
施工依据标准				分包单位负责人			

序号	验收项目		合格质量标准 (本标准)	施工单位 检验评定 记录或结果	监理(建设) 单位验收 记录或结果	备注
1	构件验收		第5.0.2条			
2	钢柱	外形尺寸	第6.3.6条			
3		焊缝质量	第6.3.1条			
4		柱身弯曲矢高	第6.3.6条			
5		柱身扭曲	第6.3.6条			
6		支承板定位尺寸	第6.3.6条			
7		底板、端板平整度	第6.3.6条			
8		柱脚螺栓孔间距	第6.3.1条			

续表 E.0.2

序号	验收项目		合格质量标准（本标准）	施工单位检验评定记录或结果	监理（建设）单位验收记录或结果	备注
9	钢梁	外形尺寸	第6.3.6条			
10		焊缝质量	第6.3.1条			
11		梁体弯曲	第6.3.6条			
12		梁体扭曲	第6.3.6条			
13		端板平整度	第6.3.6条			
14		端板螺栓孔尺寸	第6.3.1条			
15		梁面屏安装尺寸	第6.3.1条			
16	连系梁	外形尺寸	第6.3.6条			
17		与钢梁安装间距	第6.3.1条			
18	支撑	外形尺寸	第6.3.6条			
19		与钢梁安装间距	第6.3.1条			
20	檩条	外形尺寸	第6.3.6条			
21		与钢梁安装间距	第6.3.1条			
22	锌层厚度		第6.3.3、6.3.6条			
23	涂层厚度		第6.3.3、6.3.6条			
施工单位检验评定结果			班组长或专业工长： 质检员或项目技术负责人： 年 月 日 年 月 日			
监理（建设）单位验收结论			监理工程师（建设单位项目技术负责人）： 年 月 日			

表 E.0.3 声屏障(吸声屏体)制作分项工程检验批质量验收记录

工程名称		检验批部位	
施工单位		项目经理	
监理单位		总监理工程师	
施工依据标准		分包单位负责人	

序号	验收项目	合格质量标准 (本标准)	施工单位 检验评定 记录或结果	监理(建设) 单位验收 记录或结果	备注
1	吸声材料	第4.0.3条			
2	屏体材料	第4.0.3条			
3	屏体外形尺寸偏差	第6.3.6条			
4	屏体对角线尺寸偏差	第6.3.6条			
5	屏体平整度	第6.3.6条			
6	屏体直线度	第6.3.6条			
7	屏体框架连接规范性	第6.3.2条			
8	吸声材料安装规范性	第6.3.2条			
9	弹簧卡安装规范性	第6.4.6条			
10	防坠落绳安装规范性	第6.4.6条			
11	涂(镀)层厚度	第6.3.3、 6.3.6条			
12	涂(镀)层表观质量	第6.3.6条			
13	涂层色差	第6.3.6条			

施工单位检验 评定结果	班组长或专业工长:　　　质检员或项目技术负责人: 　　　　　　　　年　月　日　　　　　　　　年　月　日
监理(建设)单位 验收结论	监理工程师(建设单位项目技术负责人): 　　　　　　　　　　　　　　　年　月　日

表 E.0.4 声屏障(隔声屏体)制作分项工程检验批质量验收记录

工程名称			检验批部位		
施工单位			项目经理		
监理单位			总监理工程师		
施工依据标准			分包单位负责人		

	验收 项目	合格质量标准 (本标准)	施工单位 检验评定 记录或结果	监理(建设) 单位验收 记录或结果	备注
1	隔声材料	第4.0.3条			
2	屏框材料	第4.0.3条			
3	屏体外形尺寸	第6.3.6条			
4	屏体对角线尺寸	第6.3.6条			
5	屏体平整度及直线度	第6.3.6条			
6	屏体框架连接规范性	第6.3.2条			
7	隔声材料安装规范性	第6.3.2条			
8	防坠落绳安装规范性	第6.4.6条			
9	弹簧卡安装规范性	第6.4.6条			
10	窗框、扇装配间隙	第6.3.6条			
11	铰链、撑杆安装规范性	第6.3.6条			
12	插销安装规范性	第6.3.6条			
13	涂(镀)层厚度	第6.3.3、 6.3.6条			
14	涂(镀)层表观质量	第6.3.6条			
15	涂层色差	第6.3.6条			
施工单位检验 评定结果		班组长或专业工长: 质检员或项目技术负责人: 年 月 日 年 月 日				
监理(建设)单位 验收结论		监理工程师(建设单位项目技术负责人): 年 月 日				

表 E.0.5 直立式声屏障安装分项工程检验批质量验收记录

工程名称		检验批部位	
施工单位		项目经理	
监理单位		总监理工程师	
施工依据标准		分包单位负责人	

序号	验收项目	合格质量标准（本标准）	施工单位检验评定记录或结果	监理（建设）单位验收记录或结果	备注
1	构件验收	第6.4.1条			
2	预埋螺栓状况验收	第6.4.2条			
3	骑马鞍安装质量	第6.4.3条			
4	柱轴线与支承面垂直度	第6.4.8条			
5	立柱中心距	第6.4.8条			
6	地脚螺栓螺母拧紧程度	第6.4.8条			
7	柱底板与支承面间隙	第6.4.5条			
8	防坠索与屏体连接	第6.4.6条			
9	防坠索索端节点	第6.4.6条			
10	弹簧卡与柱体节点	第6.4.6条			
11	屏端在柱体内搭接长度	第6.4.8条			
12	屏体间贴合间隙	第6.4.6条			
13	罩板安装规范性	第6.4.7条			
14	导流板安装规范性	第6.4.7条			
15	固定螺母防松措施	第6.4.5条			
施工单位检验评定结果		班组长或专业工长：　　　　　质检员或项目技术负责人： 　　　　　年　月　日　　　　　　　　　年　月　日			
监理（建设）单位验收结论		监理工程师（建设单位项目技术负责人）： 　　　　　　　　　　　　　　　　　年　月　日			

表 E.0.6 全封闭式声屏障安装分项工程检验批质量验收记录

工程名称			检验批部位		
施工单位			项目经理		
监理单位			总监理工程师		
施工依据标准			分包单位负责人		

序号		验收项目	合格质量标准 (本标准)	施工单位 检验评定 记录或结果	监理(建设) 单位验收 记录或结果	备注
1		构件验收	第6.4.1条			
2		预埋螺栓状况验收	第6.4.2条			
3	钢构架安装	柱轴线与支承面垂直度	第6.4.8条			
4		柱中心距	第6.4.8条			
5		相邻柱顶面高差	第6.4.8条			
6		地脚螺栓螺母拧紧程度	第6.4.8条			
7		相邻梁顶面高差	第6.4.8条			
8		梁柱结合面间隙	第6.4.8条			
9		梁、柱连接螺栓螺母拧紧程度	第6.4.8条			
10		联系梁安装质量	第6.4.8条			
11		钢支撑安装质量	第6.4.8条			
12		檩条安装质量	第6.4.8条			
13		防火涂料涂层厚度	第6.3.3条			
14	屏体安装	屏端在柱体内搭接长度	第6.4.8条			
15		侧立屏体安装质量	第6.4.6条			
16		梁面屏体安装质量	第6.4.6条			
17		弹簧卡安装质量	第6.4.6条			
18		防坠索安装质量	第6.4.6条			
19		罩板安装质量	第6.4.7条			

续表 E.0.6

序号	验收项目	合格质量标准（本标准）	施工单位检验评定记录或结果	监理(建设)单位验收记录或结果	备注
20	导流板安装质量	第6.4.7条			
	施工单位检验评定结果	班组长或专业工长：　　质检员或项目技术负责人： 　　　年　月　日　　　　　　年　月　日			
	监理(建设)单位验收结论	监理工程师(建设单位项目技术负责人)： 　　　　　　　　　　　　　　　年　月　日			

附录 F 声屏障日常巡查记录表

表 F 道路声屏障日常巡查记录

巡检路段			巡查日期		
巡检车牌号			巡查人员		
巡查项目	巡查情况		存在缺陷位置		备注
立柱	倾斜□ 晃动□				
	其他缺陷				
吸声屏	倾斜□ 位移□ 脱落□				
	破损□ 晃动□				
	其他缺陷				
透明隔声屏	倾斜□ 位移□ 脱落□				
	破损□ 晃动□ 插销失效□				
	其他缺陷				
罩板	脱落□ 松动□				
	破损□				
	其他缺陷				
其他	缺陷				
	缺陷				
	缺陷				

注:1 存在缺陷位置:快速路以灯柱号或墩号表示,高速公路以里程数表示。
   2 巡查单位可根据实际情况对表格作调整,巡查项目及巡查情况不应少于本
     标准的要求。

本标准用词说明

1 为了便于在执行本标准条文时区别对待,对要求严格程度不同的用词说明如下:

    1)表示很严格,非这样做不可的用词:

        正面词采用"必须";

        反面词采用"严禁"。

    2)表示严格,在正常情况下均应这样做的用词:

        正面词采用"应";

        反面词采用"不应"或"不得"。

    3)表示允许稍有选择,在条件许可时首先这样做的用词:

        正面词采用"宜";

        反面词采用"不宜"。

    4)表示有选择,在一定条件下可这样做的用词,采用"可"。

2 条文中指明应按其他有关标准、规范执行的写法为"应按……执行"或"应符合……的要求(或规定)"。

引用标准名录

1 《通用硅酸盐水泥》GB 175

2 《碳素结构钢》GB/T 700

3 《弹簧钢》GB/T 1222

4 《钢筋混凝土用钢 第 1 部分:热轧光圆钢筋》GB 1499.1

5 《钢筋混凝土用钢 第 2 部分:热轧带肋钢筋》GB 1499.2

6 《低合金高强度结构钢》GB/T 1591

7 《色漆和清漆 耐中性盐雾性能的测定》GB/T 1771

8 《色漆和清漆 人工气候老化和人工辐射曝露 滤过的
氙弧辐射》GB/T 1865

9 《连续热镀锌和锌合金镀层钢板及钢带》GB/T 2518

10 《紧固件机械性能》GB/T 3098.1~20

11 《一般工业用铝及铝合金板、带材》GB/T 3880.1~3

12 《非合金钢及细晶粒钢焊条》GB/T 5117

13 《热强钢焊条》GB/T 5118

14 《埋弧焊用非合金钢及细晶粒钢实心焊丝、药芯焊丝和
焊丝-焊剂组合分类要求》GB/T 5293

15 《金属基体上金属和其他无机覆盖层 经腐蚀试验后的
试样和试件的评级》GB/T 6461

16 《一般工业用铝及铝合金挤压型材》GB/T 6892

17 《浇铸型工业有机玻璃板材》GB/T 7134

18 《熔化极气体保护焊用 非合金钢及细晶粒钢实心焊
丝》GB/T 8110

19 《铝合金门窗》GB/T 8478

20 《建筑材料及制品燃烧性能分级》GB 8624

48 《混凝土结构工程施工质量验收规范》GB 50204

49 《钢结构工程施工质量验收标准》GB 50205

50 《铝合金结构工程施工质量验收规范》GB 50576

51 《钢结构焊接规范》GB 50661

52 《声屏障结构技术标准》GB/T 51335

53 《城镇道路工程施工与质量验收规范》CJJ 1

54 《城市桥梁工程施工与质量验收规范》CJJ 2

55 《声屏障声学设计和测量规范》HJ/T 90

56 《工程机械 装配通用技术条件》JB/T 5945

57 《建筑门窗五金件 传动机构用执手》JG/T 124

58 《建筑门窗五金件 合页(铰链)》JG/T 125

59 《建筑门窗五金件 撑挡》JG/T 128

60 《结构用高频焊接薄壁 H 型钢》JG/T 137

61 《建筑门窗五金件 通用要求》JG/T 212

62 《建筑门窗五金件 插销》JG/T 214

63 《聚碳酸酯(PC)实心板》JG/T 347

64 《普通混凝土用砂、石质量及检验方法标准》JGJ 52

65 《塑料门窗工程技术规程》JGJ 103

66 《建筑基桩检测技术规范》JGJ 106

67 《混凝土结构后锚固技术规程》JGJ 145

68 《公路环境保护设计规范》JTG B04

69 《公路工程质量检验评定标准 第一册 土建工程》
JTG F80/1

70 《建筑锚栓抗拉拔、抗剪性能试验方法》DG/TJ 08—003

71 《地基基础设计标准》DGJ 08—11

72 《公路工程施工质量验收标准》DG/TJ 08—119

73 《城市道路桥梁工程施工质量验收规范》DG/TJ 08—2152

上海市工程建设规范

道路声屏障结构技术标准

DG/TJ 08—2086—2023
J 11877—2023

条 文 说 明

2023　上海

目　次

Contents

3 基本规定

3.0.1 应从便于维护和保养的角度出发,考虑声屏障的结构设计。

3.0.2 规定了所设置的声屏障的实际降噪性能,应满足该设置区域的环境噪声治理的要求。

3.0.3 城市道路声屏障建设应充分体现城市的容貌和城市的特色,道路声屏障的设置应与城市的景观建设相协调,并应充分体现城市道路的规划有序的管理。本市在开展城市道路噪声治理的同时,通过对声屏障形式、材料、表观颜色以及运维等要素的研究,就其外观造型、表观颜色和景观窗的设置应遵循以下原则:

① 外观造型方面:在满足降噪的同时,以少棱角多弧度的形式,作为道路声屏障的主要造型。中心城区以直弧式、弧式为主要式样,外环高速以直立式+上部吸声罩为主要式样,高速公路主要以直立式为主要形式。为便于对声屏障设施的养护和管理,同时要求在一般情况下同一条道路的声屏障式样不多于 2 种,特殊情况下不应多于 3 种式样。

② 表观颜色方面:城市中心城区的快速道路已经把浦江两岸的宏伟建筑、繁华商业紧紧地连接在一起,也使得城市的商业、科研、文化、娱乐、住宅建筑紧密连接为一体。在中心城区的快速干道道路上设置的声屏障,应体现出城市的环境保护。因此,中心城区的快速道路以"绿色"为主色调,以充分体现城市的朝气和活力;而外环高速及高速公路则以"灰白色"为主色调,灰白色是一种不会影响车辆驾驶人员疲劳感的色彩,也是一种较为耐脏的色彩。

③ 景观窗的设置要求:在市中心范围的城市高架道路,声屏

障屏体中部应设置隔声透视效果的景观窗。外环快速路及高速公路声屏障建议在匝道出入口、收费站出入口、桥梁段以及周边古城区景点范围的道路声屏障,中部应设置隔声透视效果的景观窗,以提高景观展示效果,体现周边环境景观风貌的特点。

制定不同等级道路声屏障的外观式样、表观颜色以及景观窗的设置规定,不但有利于声屏障设施维护工作的开展,也有利于声屏障设施运维的养护式管理,更有利于体现山声屏障的建设与城市景观相协调的规划有序管理的结合。为此,本标准的修编工作中,在本标准附录 A 中增加了本市主要道路声屏障式样、外表涂装色等与城市容貌相融性的设置规定。

3.0.4 在道路声屏障设施的设置工作中,应注重对道路及其附属设施的保护和避让,不得对道路的市政公用设施、交通安全设施、交通指示标志等设施的结构和功能产生不利影响。

3.0.5 如位于电力设施附近的声屏障,其金属构架应按国家、行业有关电力设施的规定,设置可靠的接地和防护措施。

3.0.6 道路声屏障作为户外的构筑物,由于长期处于气候、环境的影响,从结构安全角度出发,对声屏障设施的表面防护提出了防雨、防潮、防霉、防眩和耐久性的要求,同时规定了全封闭式声屏障的钢构架的防火要求。

3.0.7 道路声屏障长期处于交变荷载的作用和气候环境的影响,其设施的完好状况不可能一成不变的,为了使所设置的声屏障设施处于完好状态,必须定期对声屏障结构的安全性进行检查和检测,必须定期对声屏障设施进行维护、保养。

4 材 料

4.0.1 本条规定了基础及钢筋混凝土结构所采用的水泥、砂、石及钢筋等材料应符合国家现行标准的相应规定。规定了基础内的钢筋的强度和等级，规定了立柱及支撑结构采用的混凝土强度等级，同时规定了预埋件的材质。

4.0.2 以热轧或高频焊接 H 型钢或以钢板拼装焊接的立柱主体或全封闭声屏障的钢构架，以及立柱的底板、加筋板等材质应符合现行国家和行业标准的有关规定，并应具有机械性能和化学成分的合格保证，对重要的承重结构还需对材料进行冷弯试验。本条对钢立柱或钢构架材料牌号及材料的性能、等级进行了规定。对质量证明文件有疑义，质量证明文件不全或质量证明书中项目少于设计要求的金属材料，应进行取样复验，复验合格后方可投入使用。

4.0.3 声屏障屏体所采用的材料应符合下列规定：

　　2 规定了采用冷轧镀锌钢板、铝合金板材的吸声屏体的面板、背板和龙骨厚度。立柱间距大于 2.5 m 时，应作专项设计。立柱间距不宜大于 3 m；大于 3 m 的，应作拆分。

　　3 全封闭式声屏障顶部屏体的框架材料应采用易熔材质，便于在火灾时候顶部的材料被迅速烧穿，快速把烟排出封闭空间。火灾时绝大多数的伤亡都是因吸入烟尘造成窒息，顶部板材防火等级过高，会导致封闭空间大量烟聚集，造成人员的伤亡。

　　4 规定了声屏障的上盖板和下封板所采用的冷轧镀锌钢板、铝合金板的材料要求。

4.0.4 声屏障所采用的连接材料应符合下列规定：

　　1 为确保焊接质量，对手工焊接、半自动或自动焊接以及

CO_2气体保护焊用的焊条、焊丝、焊剂作出规定,所选用的焊条应与主体金属强度相匹配。同时为了保证焊接材料的质量,进入施工现场的焊接材料应符合产品标识标注的有关规定,应标明产品名称、型号、批号和检验号、规格、净重或根数、执行标准、生产日期及制造厂名称,应有根据实际检验结果出具的质量证明书。如有异议应进行复验,合格后方可使用。

2~3 对声屏障连接所使用的紧固件的力学性能和防腐年限进行了规定,对化学锚栓及锚固胶的性能进行了规定。使用的紧固件应具有产品名称、类型、执行标准、生产日期、保质期、出厂合格证等,并规定了紧固件防腐使用寿命。预埋式紧固件一般不用高强螺栓,基础部分用螺栓可采用 Q235 钢材。所有紧固件均不得进行焊接。

4.0.5 声屏障所采用的其他材料应符合下列规定:

1 固定在屏体和立柱内的支撑件(卡件)是声屏障构造上的一个重要构件,故对其材质作了规定。

5 设 计

5.1 一般规定

5.1.1 声屏障的造型、色彩、几何尺寸、材质、图案等除应与主体工程相协调外，还应与自然环境、建筑风格、人文环境相协调。声屏障的设计及表面色彩不应对司乘人员造成压抑感和突兀感，且不得存在表面眩光，以免影响行车安全。

5.1.2 声屏障结构的强度和刚度必须满足安全性能的要求，同时应具有防振和抵抗风、雨、雪、雹等各种自然灾害的能力。在正常使用条件下，不得对周围人员和设施造成意外伤害。

5.1.3 规定了直立式声屏障屏体高度，同时为减小由于高大的声屏障的突然进入司乘人员的视野或突然在视野中消失的视觉冲击，宜将起始或终止端的声屏障设置为渐变式，即逐渐升高或降低的形式，以减小声屏障的高度对视觉的冲击。

5.1.4 桥梁上附加声屏障设施时，对于新建、既有桥梁都应进行安全可靠性验算。设置在桥梁防撞墙、立交桥梁板上的声屏障不得影响原结构的性能。因此规定了必须对被附着的结构（防撞墙或立交桥梁板）的承受荷载能力进行核查和验算，并应具有一定的安全储备。特大型桥梁、特殊结构桥梁或有抗风验算的桥梁如斜拉桥，应经设计单位进行抗风验算。

5.1.5 目前道路声屏障设计的立柱间距一般为 2 m 或 2.5 m，当安装跨度大于设计的标准跨度时，就造成了作用在屏体和立柱的荷载增大，所以必须对此非标准跨度的立柱和屏体的强度、刚度进行专项计算复核和结构设计，并采取必要的措施以提高对增大变形量的控制要求。

5.1.7 全封闭式声屏障是降低道路噪声较大的一种特殊的结构形式,但由于交通事故引发的火灾事故的发生,对人员将造成极大的伤害,故全封闭式声屏障的钢结构应满足现行国家标准《建筑设计防火规范》GB 50016 中规定的二级耐火等级的要求,并要求对其钢结构的柱、梁、檩条等钢构件表面涂覆防火涂料,形成耐火隔热保护层,以提高钢结构的耐火性能。

5.1.8 本条规定了声屏障屏体、立柱、钢肋混凝土结构的设计工作年限。

5.1.9 根据现行国家标准《混凝土结构设计规范》GB 50010 的规定,当钢筋混凝土连续梁或导墙超长时,宜每隔 30 m 设置伸缩缝。

5.2 荷载与组合

5.2.4 正常使用极限状态荷载效应的设计值,应按荷载的标准组合、频遇组合或准永久组合进行计算。

5.2.6 本条规定了声屏障结构设计的风荷载。参考现行国家标准《建筑结构荷载规范》GB 50009 关于风荷载的规定,对不同安装区域的地面粗糙度、阵风系数、风荷载局部体型系数和风压高度变化系数进行计算和选用。

西南交通大学分别针对路基、桥梁用矩形声屏障进行了 3.05 m 和 2.05 m 两种不同高度声屏障在线路的上风侧、线路两侧、线路下风侧等工况下的风荷载体型系数风洞试验测试。研究建议:对桥梁和路基的声屏障进行结构设计时,桥梁声屏障的风荷载体型系数取 1.65,路基声屏障的风荷载体型系数取 1.99。

5.2.8 车致脉动荷载

汽车引起的声屏障脉动风压由头波、尾波正负交变风压组成,其数值近似与速度的平方成正比,随车辆与声屏障之间距离的增大而减小。车致声屏障脉动风压荷载与车型、车辆速度、车辆与声屏障之间距离以及声屏障结构形式有关。高速铁路声屏障在大量现场实测的基础上提出了相应的简化计算公式,公路和城市道路中车型较多,且车辆与声屏障之间距离可变,因此公路和城市道路用声屏障车致脉动风压系数相对复杂。通过查阅车致脉动风压研究文献可知,声屏障车致脉动风压大致有如下特征:

① 车致脉动风压由头波、尾波正负交变的风压组成。

② 车致脉动风压随车速的增大而增大,其数值近似与速度的平方成正比;车致脉动风压随客车与声屏障间距的增大而减小。

③ 时速 350 km/h 的列车产生的脉动风压频率约为 3 Hz～5 Hz,公路和城市道路车辆产生的脉动风压频率比高速列车产生的脉动风压频率低,因此车致脉动风压一般不会引起声屏障共振响应。

在目前对车致脉动风压研究相对不足的条件下,暂参考英国铁路声屏障车致脉动风压计算公式作为本标准条文。

当风荷载参与车致风压荷载效应组合时,25 m/s 以下风速考虑车致风压组合,25 m/s 以上风速不考虑车致风压组合。

5.3 结构设计

5.3.1,5.3.2 本标准与大部分结构设计规范或规程一样,采用以概率理论为基础的极限状态设计法,按承载能力极限状态和正常使用极限状态进行设计。对结构构件承载力设计值 R 和荷载效应组合设计值 S_d 的参数、取值作出了规定。

5.3.3 结构或结构构件达到正常适用要求的规定限值包括结构允许变形、裂缝、应力等限值,应按各有关建筑结构设计规范的规定采用。

5.3.4,5.3.5 对声屏障的基础及钢筋混凝土结构的设计作出了规定。声屏障基础的设计应满足承载力的要求,混凝土结构的设计,应进行承载力(包括失稳)计算,必要时还应进行抗倾覆、抗滑移和稳定性验算,并与现行行业标准《公路环境保护设计规范》JTG B04 相一致。

5.3.6~5.3.8 规定了透明隔声屏窗框、窗扇型材的选用原则,规定了塑钢窗框、窗扇焊接最小破坏力的设计值,规定了透明隔声屏五金配件的选用要求。

5.3.9 根据现行国家标准《钢结构设计标准》GB 50017 和现行行业标准《公路声屏障材料技术要求和检测方法》JT/T 646 的有关规定,并参照现行协会标准《户外广告设施钢结构技术规程》CECS 148 和现行国家标准《铝合金门窗》GB/T 8478 的有关规定,规定了在风荷载作用下,声屏障立柱顶点水平位移、屏体及窗框(窗扇)的跨中位移值的限值。

5.4 构造设计

5.4.1 根据现行行业标准《公路环境保护设计规范》JTG B04 的规定,高速公路沿线长度大于 1 000 m 声屏障,每 300 m 处应设置可启闭的紧急疏散出口。而为保证事故应急,从安全门内部向外必须随时可以开启,且应朝外开启,并宜自动关闭。

5.4.2 针对道路或高架桥上治理环境噪声而设置的全封闭式声屏障,将车行道的横断面进行了封闭,由于车辆废气的排放以及气候环境的影响,随着其设置长度的增加对气体排放、交流造成了困难,为了改善全封闭式声屏障道路的空气质量,故规定了当设置长度大于 300 m 时应考虑强制排风的措施。当然在考虑了强制排风的同时就相应增加了全封闭式声屏障的净空高度和投资,因此在不增加投资及维护成本的前提下,也可采取防火分隔措施的设计,以减少设置的长度。

5.4.5 桥梁段声屏障的屏体应具有防坠落设计,并应符合下列规定:

1～2 声屏障的屏体与支撑构件的连接应具有防坠索或其他防坠落的构造设计是一个重要的安全措施。从防止高空坠物的角度出发,当声屏障结构受到意外撞击时,各屏体应悬挂于立柱外侧,其屏体均由钢丝绳串挂于立柱的两端部,防止屏体高空坠落,以避免对车辆、行人造成意外伤害。声屏障防坠落装置的钢丝绳直径与破断力关联,故规定了钢丝绳的最小直径不应小于4 mm,且钢绳不应绷紧,至少留有 0.5 m 的余量。一个单元板在钢立柱上只可以有一个防坠索固定点,且应在车辆前进方向的前端立柱上。防坠索钢丝绳绳端采用的铝套夹头、钢丝绳绳夹或其他有效的方式进行绳端固定时,其绳端的拉力荷载应符合本条规定。

3 内部具有加筋的高分子板材的防坠索可以在其加筋部位穿孔固定,而内部未加筋的高分子板材的防坠索可以与边框固定。

5.4.6 大型货车通过桥梁弯道段时,由于前后车轮的转弯半径不同,导致声屏障经常受损。因此,本条规定弯道段声屏障的安装形式应作专项设计,以避免车辆的碰擦。

5.4.7 对变化段与匝道段(斜坡)声屏障的专项设计应考虑其外观的整体性。为避免因声屏障引起的驾驶视线的遮挡,在主线和匝道交汇处设置的屏体应具有透视效果,以便于车辆驾驶员的瞭望。其长度宜不少于 50 m,根据匝道坡度可作适当调整。车道交汇处的声屏障应增大透明屏体面积,以防止阻挡驾驶员观察交汇车的视线。

5.4.8 本条规定了防撞墙上部宽度不能满足声屏障立柱底板构造要求时,应对立柱的安装作专项设计。

5.4.9 屏体结构构造应符合下列规定:

2 鉴于聚酯纤维板、泡沫铝、铝纤维等纤维类吸声材料的强度低、易变色、易破碎的性状,强调了此纤维类的吸声材料不应直接作为屏体的面板或背板。同时,为防止离心玻璃纤维的外泄造成对环境的污染,强调了采用离心玻璃纤维作为吸声材料时,应以憎水布或透气膜包裹。

3 对弹簧卡(或橡胶垫)与屏体固定方式作出了专项规定。

4 屏体在交变风荷载或结构本身的安装状况或热胀冷缩作用下,将产生平面方向的移动,确定屏端在立柱内的合理的嵌入长度,是极为重要的一个设计参数;否则,在极端状态下屏体的端部将失去约束,导致屏体的外移或脱落。因此,本款对屏体在立柱内的嵌入长度作了规定。

5 对各类高分子板材制作的透明隔声屏与框架的安装要求作出了专项规定。对嵌入安装法:嵌入安装支撑框架部分的保护膜会影响填缝料与隔声屏板的粘接,故在板嵌入前,应先揭开嵌入部分5 mm~10 mm 宽的保护膜。板材的热胀冷缩与金属框架不同,因此须有适当嵌入量、涨缩预留空间,并选择适当的板厚。由于自攻螺钉或膨胀螺丝用于动载作用下容易发生松动,故严格禁止使用。

6 对窗框、窗扇的门窗五金件及其附件的安装要求作了规定。门窗五金件及其附件应采用不锈钢螺钉与窗框窗扇的内衬增强型钢作可靠固定,并应符合现行行业标准《建筑门窗五金件 传动机构用执手》JG/T 124、《建筑门窗五金件 合页(铰链)》JG/T 125、《建筑门窗五金件 撑挡》JG/T 128 和《建筑门窗五金件 插销》JG/T 214 的规定,并强调了窗扇的插销应具有顶紧窗框的功能。

7 为保持吸声屏的降噪效果,规定了应在屏体的侧底部设置泄水孔。为保证雨水排泄通畅,增设雨水导流板引雨水分散分流。

5.4.10 采用热浸镀锌+粉末喷涂或热浸镀锌+油漆涂装的方式进行防腐处理的效果,已明显优于单独以油漆涂装或浸漆作为防腐的效果,故本条强调了声屏障构件的防腐处理方法,并规定了屏体、立柱的防腐涂层的设计工作年限。

6 施 工

6.1 一般规定

6.1.2 声屏障设施的基础和钢筋混凝土结构的施工和验收,立柱及屏体的制作、安装和验收,均应符合设计要求和本标准的规定,并应符合国家现行相关标准的规定。

6.1.3 本条强调了用于声屏障工程的材料性能应符合本标准第4章的有关规定。施工前应对用于结构的主要材料的性能进行抽检,如立柱或钢构架金属材料、屏体框架的金属材料等。

6.1.6 本条主要针对安装在防撞墙上的声屏障在改建时,强调了对锚固螺栓的可靠性以及底座防腐的要求。

6.2 基础及混凝土结构

6.2.1 根据现行行业标准《城市桥梁工程施工与质量验收规范》CJJ 2、《建筑基桩检测技术规程》JGJ 106 的规定,本条对预制成品桩质量、打桩工艺试验和沉入桩施工允许偏差进行了规定。同时对基槽开挖和土方的回填土施工要求进行了规定。

6.2.2 根据现行行业标准《城市桥梁工程施工与质量验收规范》CJJ 2 的规定,本条对钢筋工程的施工要求、焊接质量,以及钢筋成型和安装允许偏差值进行了规定。同时,根据《城市桥梁工程施工与质量验收规范》CJJ 2 的规定,本条对混凝土配合比、混凝土抗压强度和混凝土结构工程的施工质量要求进行了规定。对声屏障工程而言,极为关注前道工序的基础内预埋螺栓的施工定位精度以及预埋螺栓外露螺纹部分的保护问题,因为它与声屏障立柱的安装质量密切相关,预埋螺栓的施工属于隐蔽工序,一旦成型则整改极为困难。因此,必须采取严格施工措施以控制基础内预埋螺栓的施工质量。

6.2.3 预埋件或地脚螺栓的施工质量直接影响声屏障设施的安装质量和工程的进度。因此本条对预埋件或地脚螺栓定位准确、固定可靠,以及浇筑混凝土过程中预埋件不发生位移等方面提出了要求,并对预埋件安装质量允许偏差进行了规定。

6.3 声屏障制作

6.3.1 钢立柱或钢构架

1 规定了高度小于或等于 3 m 的钢立柱应采用整体型钢制作,不允许拼接;同时对高度大于 3 m 的钢立柱,部分钢柱允许的拼缝数量及拼接方式作出了规定,其拼接材料长度应符合现行国家标准《钢结构工程施工质量验收标准》GB 50205 的有关规定。

2~3 规定了金属构件的焊接坡口、切口质量和钢构件的断料、切割、制孔、组装的制作质量。

4 强调了钢立柱或钢构架的拼接以及钢立柱或钢构架与底板(或端板)的焊缝质量要求。为控制钢构件的制作质量,施工单位应对首次采用的钢材、焊接材料、焊接方法及焊后处理进行焊接工艺评定,制订焊接工艺指导书,以确保其结构件的焊接质量。焊工必须持证上岗,并在其证书认可范围内进行相应的焊接工作。

5 强调了以板材组装焊接 H 型钢立柱或钢构架的质量控制和焊缝质量等级的要求。

6~7 规定了钢立柱或钢构架焊接变形的矫正方法,规定了对钢立柱或钢构架柱脚底板或柱梁连接端板的组装质量要求,强调了底板或端板螺栓底孔应采用钻削制孔,不得采用气割制孔。

6.3.2 吸声屏体材料

1～2 屏体内部结构的组装将直接关系屏体整体的刚度及强度,本标准对屏体面板与背板及内部龙骨组装的连接紧固件及其铆接间距作出了专项规定。

6.3.3 隔声屏屏框的组装

在开展对已建声屏障调查中,较多路段的透明隔声屏的型材连接部位和窗扇五金件的连接出现了松动、破损和脱落,分析原因主要是未执行国家现行铝合金(塑钢)窗的设计和施工规范的要求,故本标准对透明隔声屏(铝合金、塑钢)窗扇型材转角连接节点的构造要求作了规定。塑钢窗框(窗扇)型材转角采用焊接时,其焊接角的实测破坏力应大于设计值,并应符合现行行业标准《未增塑聚氯乙烯(PVC-U)塑料窗》JG/T 140 的规定。强调了窗扇(铝合金、塑钢)型材的转角不得采用抽芯铆钉铆固。

在窗扇与窗框贴合处安装密封条是减少由于窗扇的振动噪声。规定了透明隔声屏窗扇与窗框贴合处应按现行国家标准《声屏障结构技术标准》GB/T 51335 的规定安装密封条及其要求。

对窗框、窗扇装置插销、撑杆、执手、铰链等门窗五金件的安装要求作出了相关规定。强调了门窗五金件的安装必须与铝合金或塑钢窗扇框料内置钢型上固定,不得直接在铝合金或塑钢窗扇框料上固定。

6.3.4 隔声屏隔声材料的组装

对采用聚甲基丙烯酸甲酯(PMMA)、聚碳酸酯(PC)高分子板材作透明屏体的橡胶垫的性能、压变形量进行了规定。对高分子板材的安装伸缩量、嵌入型材的深度进行了规定。

对采用夹胶玻璃作透明屏体时,玻璃在型材内的嵌入深度、设置橡胶防震条要求以及采用压条固定玻璃的要求进行了规定。

6.3.6、6.3.7 防腐处理及防火涂装

1 对声屏障钢构件的除锈方法和除锈等级,构件的表面防腐处理方法,以及镀(涂)层的平均厚度等防腐处理要求进行了规定。

2 对全封闭声屏障钢结构采用的薄涂型防火涂层涂料的粘结强度以及涂层厚度等要求进行了规定。

6.3.9 本条规定了声屏障设施在制作过程中的预拼装要求。

6.3.10 声屏障的制作质量要求

1～2 对直立式声屏障钢立柱制作及全封闭式、半封闭式声屏障的钢构架制作质量进行了规定。

3 对外观质量要求进行了规定。

6.4 安 装

6.4.2 本条规定了在声屏障安装前应对预埋锚栓螺杆的垂直度、位置、外露长度或预埋锚垫板的尺寸、平面高差等情况进行复核的要求。

6.4.3 本条对在防撞墙采用马鞍形支座构造的施工要求作了规定。

6.4.4 化学锚栓锚固胶的锚固性能应通过专门的试验确定。对获准使用的锚固胶,除说明书规定可以掺入定量的掺和剂(填料)外,现场施工中不应随意增添掺料。混凝土表面应坚实、平整,不应有起砂、起壳、蜂窝、麻面、油等影响锚固承载力的现象。本条对锚孔施工及固化要求作出了规定。锚栓安装时应执行现场质量监督。建筑锚栓应按相同类型、相同规格型号和用于相同构件,且设计强度相等的锚栓每 300 个为一组进行抗拉拔或抗剪承载力性能试验。每组试件不少于 3 个。

6.4.5 立柱及钢构架的安装应符合下列规定:

1 声屏障立柱底板与支承面的间隙里将极易形成水膜,导致构件和螺杆的锈蚀和锈烂。所以本条规定了对存在间隙的结合面,应以环氧砂浆予以密闭的要求。

2 锚固螺栓螺母的拧紧程度是不容忽视的。由于立柱锚固螺栓螺母未紧固或紧固力达不到规定要求,致使声屏障设施在车行风荷载作用下前后晃动严重,将会导致螺纹的剪切、屏体破损和脱落事故的发生。对立柱锚固螺栓螺母的拧紧程度,设计有要求的应按设计要求执行,设计未作专项要求的应按本条款的规定执行。对大圆孔或槽孔的立柱底板,应采用大厚垫圈或方厚垫板对底孔部位进行有效覆盖,且方厚垫板应以电焊与底板固定。不应采用一般垫圈或薄钢板垫板,因为一般垫圈或薄钢板垫板的变形或锈烂极易造成固定螺母的松动。

    3 为保证立柱或立柱底板采用与预埋钢板或钢防撞墙现场的焊接质量,对立柱或立柱底板的焊接坡口、沿周围焊和工艺气孔等作了规定,对冬季或风速大于或等于 8 m/s 时,以及雨雪天气等露天施工作了规定。

    4 本条强调了全封闭或半封闭声屏障的钢结构在安装过程中应采取必要的安全措施,以保证结构整体的稳固。

6.4.6 本条对屏体弹簧卡、屏体间的密封、窗扇窗框的接合、防坠索的安装等方面要求进行了规定。屏体端部在立柱型腔内的嵌入长度是一个重要的设计参数,根据金属材料与混凝土结构所受环境温度影响产生的不同的伸缩量而规定的嵌入长度,以保证在运营过程中的屏体始终嵌入在立柱的 H 型钢的型腔内。所以对屏体端部在立柱型腔内的嵌入长度作了规定。

6.4.8 本条以列表的形式,分别对直立式声屏障和全封闭、半封闭声屏障的安装质量及允许偏差要求作了规定。

6.4.9 本条对声屏障安装的外观检查项目及要求作了规定。

7 性能试验

7.1 一般规定

7.1.2、7.1.3 规定了聚甲基丙烯酸甲酯(PMMA)、聚碳酸酯(PC)、玻璃等声学材料的生产供货单位,必须提供声学、物理和防火性能的测试报告。规定了金属、非金属的声屏障制作单位,必须提供声学材料的声学、物理和构件防火性能、构件力学性能和构件防腐层性能等项目的测试报告。

7.2 结构构件力学性能

7.2.1 根据现行国家标准《声屏障结构技术标准》GB/T 51335 和现行行业标准《公路声屏障 第4部分:声学材料技术要求及检测方法》JT/T 646.4 的有关规定,对新设计或采用新材料或需对其结构进行评定的声屏障,应按本条款的规定对声屏障结构进行模拟加载力学性能试验。

7.2.2~7.2.4 规定了防坠索应进行绳端的承载力试验、声屏障防坠落性能试验;规定了透明隔声屏应按现行国家标准进行抗风压性能测试的要求;规定了透明隔声屏窗框、窗扇转角节点承载力的试验要求。同时规定了高分子板材应按现行国家标准进行抗冲击性能测试。

7.3 构件防腐层性能

7.3.1 构件表面采用热浸镀锌作防腐处理的,规定了应按现行国家标准的有关规定,对其镀锌层的均匀性、附着性、耐盐雾性进行试验的要求。

7.3.2 构件表面采用粉末喷涂防腐处理的,规定了应按现行国家标准的有关规定,对其粉末喷涂层的均匀性、附着性、耐盐雾性和耐候性进行试验的要求。

7.4 防火性能

7.4.1 本条规定了聚甲基丙烯酸甲酯(PMMA)、聚碳酸酯(PC)板材的燃烧性能试验和评级要求。

7.4.2 本条规定了薄涂型防火涂料的耐火性能的等级,同时规定了薄涂型防火涂料粘结强度的试验方法。

7.5 耐候性能

7.5.1、7.5.2 分别对金属材料和高分子板材的耐候性能应按现行国家标准进行测试,以及对试样、试件的评级要求作了规定。

8 验 收

8.0.2～8.0.4 规定了声屏障设施检验批合格质量标准、分项工程合格质量标准和分部(子分部)工程质量验收的要求。

8.0.6,8.0.7 规定了声屏障工程或分部工程在竣工验收时,应提供的质量验收技术文件和记录。同时规定了有关安全及功能的检验和见证检测项目、观感质量检查项目、分项工程检验批验收记录的内容和要求。

9 维护保养和检测

9.1 一般规定

9.1.1、9.1.2 声屏障设施长期在交变荷载和震动作用下,极易造成锚固、连接件松动、构造的老化、破损和失效等隐患,所以开展声屏障设施的日常维护和定期保养工作,是确保声屏障处于外观整洁、设施完好的主要管理内容。在气候环境突变时,应加强对声屏障设施的检查和巡视,对存在隐患的应及时采取安全防范措施。

9.2 巡查和检查

9.2.1 道路是城市的血脉,在规定了声屏障设施的维护保养和第三方的定期检测的同时,应根据城市道路的结构、车流的特殊性,编制声屏障设施的日常巡查、专项检查计划,和特殊状况下处置的应急预案。

9.2.2 本条规定的道路声屏障设施的日常巡查周期是底线,各管理养护单位,可根据道路的运营的实际状况增加巡查周期。

9.2.3、9.2.4 定期对声屏障设施的专项检查是安全运行的保障,本标准的修编工作中,对声屏障设施的专项检查项目、内容和要求进行了规定。同时规定了在极端或突发气候前后,或对声屏障结构有重大影响的事件前后,如交通事故涉及声屏障设施的,必须对声屏障结构的实际状态进行检查,必要时应组织专业单位共同参与检查。

9.3 维护保养

9.3.1～9.3.3 为了保障声屏障设施在使用期内的完好,对声屏障的日常检查和维护保养的间隔周期,对声屏障设施的清洗作业要求,对声屏障设施维护保养的要求作出了规定。鉴于全封闭或半封闭声屏障的钢构胍结构的稳定性较好,但由于其钢构架构造复杂、连接件数量繁多等因素,如一旦发生连接件或构件或屏体的高空坠落,对道路车辆的安全行驶会造成更大的危害。所以对全封闭式声屏障的日常检查和维护保养的间隔周期,应根据道路的实际情况进行专门制定。

9.4 安全检测

9.4.1 为了使声屏障设施在使用期内处于完好和受控,所以规定了声屏障设施每 2 年进行安全检测期限,是确保声屏障设施安全可靠的一个技术管理措施。经安全检测的声屏障设施必须出具检测评估报告。

专业检测机构应通过声屏障设施检测能力评估论证,必须具备相应检测能力。专业检测人员必须具有相应检测项目的职业资格证书及登高作业证。

9.4.2,9.4.3 为了规范道路声屏障设施第三方检测机构的检测工作质量,本标准修编工作中,课题研究人员通过对近几年的声屏障设施的检测工作的调查、总结和研究,在保证检测工作质量的前提下,制定了声屏障设施安全检测过程中现场检测主要内容,并以列表形式对现场检测内容、方法和对应的检测数量进行了规定。